飞机载重与平衡

程 诚 编著

中国民航出版社

图书在版编目（CIP）数据

飞机载重与平衡 / 程诚编著. —北京：中国民航
出版社，2015.11（2024.2 重印）
ISBN 978-7-5128-0303-9

Ⅰ. ①飞…　Ⅱ. ①程…　Ⅲ. ①飞机 - 载荷计算
Ⅳ. ① V217

中国版本图书馆 CIP 数据核字（2015）第 271683 号

飞机载重与平衡

程　诚　编著

责任编辑	杨玉芹
出　版	中国民航出版社（010）64279457
地　址	北京市朝阳区十里河桥东中国民航报社二层（100122）
排　版	中国民航出版社录排室
印　刷	北京富泰印刷有限责任公司
发　行	中国民航出版社（010）64297307　64290477
开　本	787×1092　1/16
印　张	12.5
字　数	290 千字
版 印 次	2016 年 2 月第 1 版　2024 年 2 月第 7 次印刷

书　号	ISBN 978-7-5128-0303-9
定　价	28.00 元

官方微博　http://weibo.com/phcaac
淘宝网店　https://shop142257812.taobao.com
电子邮箱　phcaac@163.com

前　言

　　飞机载重与平衡工作是民航商务运输与飞行的衔接环节，直接关系到航空公司的飞行安全和经济效益。安全是民航业永恒的主题，而在安全的基础上追求效益是民航业优质高效发展的基础。本教材的目的是让民航商务运输专业的学生了解并掌握飞机载量控制与平衡的基本原理及工作技能，通过本课程的学习让学生能更好地胜任民航地面商务运输工作。

　　载重与平衡工作可分为两部分：载量控制和平衡。载量控制是解决装多少的问题，平衡是解决怎么装的问题。载重平衡工作人员的责任重大，因为他们直接关系到飞行安全。机长的飞行操作直接使用载重平衡工作提供的数据，平衡文件的不准确将导致严重的安全事故。这就要求工作人员有高度的工作责任心和强烈的安全意识；有比较全面的运输业务知识，通晓客运、货运、值机等专业知识；有良好的心理素质，遇到突发情况或者紧急情况时要求能够做到沉着冷静；有良好的服务意识，能够协调好与各相关部门的关系；有良好的经济意识，最大限度地为航空公司创造经济效益。

　　在本课程的学习过程中应该始终加强对学生安全意识、工作责任心的教育，使之养成严谨的作风。建议学生在学习了航空运输专业的客、货运及其他专业课程后再学习本课程。

　　本教材在编写过程中参考了大量工作现场的案例，力求做到理论知识简单够用、突出内容实用性，注重实际操作。

　　本教材第九章引用了中航信离港培训教材的内容，该章节的学习可以采用 DCS（Departure Control System）实训的方式。

　　由于编者理论水平有限，本教材难免有疏漏之处，不足之处敬请指出。

编者

2015 年 12 月

目　录

第一章 绪 论

　　飞机的发明在一定程度上改变了 20 世纪的人类历史。飞机发明没多久，便开始广泛应用于军事领域，执行侦察、轰炸、运输等多项军事任务。如今，掌握制空权甚至成为左右战争全局的关键，军用飞机的分类也更细，如歼击机、截击机、强击机、轰炸机、反潜机、侦察机、预警机、电子干扰机、空中加油机、舰载飞机及军用运输机，等等。飞机也大量用于民用，已成为当今世界不可缺少的交通工具。此外，飞机还广泛应用于工业、农业、救护、体育等多种领域，如大地测绘、地质勘探、资源调查、播种施肥、森林防火等。

　　20 世纪 20 年代飞机开始载运旅客，第二次世界大战结束初期美国开始把大量的运输机改装成为客机。20 世纪 60 年代以来，世界上出现了一些大型运输机和超音速运输机，逐渐推广使用涡轮风扇发动机。著名的有苏联生产的安 22、伊尔 76，美国生产的 C-141、C-5A、B747，法国的空中客车等。超音速运输机有英法联合研制的"协和"式飞机和苏联的图-144。然而，超音速客机的发展并不乐观。"协和"式飞机由于售价过高，影响效益，已于 80 年代停止生产。苏联的图-144 也因为同样的原因在 80 年代停航。

　　自从飞机发明以后，飞机日益成为现代文明不可缺少的运载工具。它深刻地改变和影响着人们的生活。由于发明了飞机，人类环球旅行的时间大大缩短了。世界上第一次环球旅行是在 16 世纪完成的。当时，葡萄牙人麦哲伦率领一支船队从西班牙出发，足足用了 3 年时间，才穿越大西洋、太平洋，环绕地球一周，回到西班牙。19 世纪末，一个法国人乘火车环球旅行一周，花费了 43 天的时间。飞机发明以后，人们在 1949 年又进行了一次环球旅行。一架 B-50 型轰炸机，经过 4 次漂亮的空中加油，仅仅用了 94 个小时，便绕地球一周，飞行 37700 公里。强中更有强中手。超音速飞机问世以后，人们飞得更高更快。1979 年，英国人普斯贝特只用了 14 个小时零 6 分钟，就飞行 36900 公里，环绕地球一周。在不到一天的时间里，就可以飞到地球的各个角落。

　　错综复杂的空中航线把世界各国连接起来，为人们提供了既方便又迅速的客运。早在 20 世纪 20 年代，航空运输就开设了定期航班，运送旅客和邮件。如今，空中航线更是四通八达，人们随时都会看见银色的飞机，如同一只大鸟，在蔚蓝的天空中一掠而过。对于现代人来说，早晨还在北京，下午已毫无倦意地出现在千里之外的另一座城市，这已经是十分平常的事了，而在 20 世纪以前则是不可思议的。从此，不同地区的不同种族、不同肤色的人们紧密地联系起来。通过不断地交流，人们播种友谊，传达信息，达到相互沟通、相互理解和相互促进的目的，共同推进人类的文明。

飞机的发明也使航空运输业得到了空前发展，许多为工业发展所需的种种原料拥有了新的来源和渠道，大大减轻了人们对当地自然资源的依赖程度。特别是超音速飞机诞生以后，空中运输更加兴旺。那些不宜长时间运输的牲畜和难以长期保存的美味食品，也可以乘坐飞机而跨越五湖四海，使世界各地的人们能够共享。

经过 100 多年的发展，现代飞机已在外形、性能等多方面较莱特兄弟研制的飞机发生了重大改变，它集中应用了力学、热力学、喷气推进、计算机、真空技术等许多工程技术的新成就，不仅使飞行速度超过了音速，还使飞机的目标捕获、识别和跟踪、自动控制、全天候飞行及通信、导航等多方面性能大大增强。

飞机的载重与平衡的概念按照 FAA（美国联邦航空管理局）的 AC 120-27D 是这样描述的：Aircraft Weight and Balance Control。中国民用航空规章 121 部 A0099 称其为：重量与平衡控制程序。

载重平衡的实质是向机组、相关部门准确报告航班的装载信息，并使航班的装载满足本次飞行的各种限制条件，把业载重量以及飞机重心控制在规定范围内，达到安全、经济、高效的目的。载重平衡不仅仅是平衡计算，还包括为取得真实、合理的数据所做的相关工作；为保证结果正确所做的各种控制；为保证控制有效而进行的各种审查；为保证工作有序而制订的各种规范；是对影响载重平衡的各种因素所做的全过程的监控。

载重与平衡工作是民航运输业务地面工作的最后环节，是商务活动与飞行的衔接环节，直接关系到航空公司的飞行安全和效益。它与地面商务工作中的客票销售部门、值机部门、旅客服务部门、货运部门、运行控制和调度部门、航行部门等有密切的联系，如图 1.1 所示。同时准确、及时的载重平衡工作可以保证飞行的正点、安全；良好的重心位置还可以使飞行更平稳、更省油，降低飞行成本，提高航空公司效益。

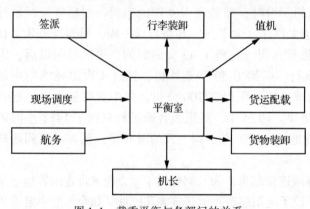

图 1.1　载重平衡与各部门的关系

载重与平衡工作可以分为两部分：载量控制和平衡。载量控制是解决装多少的问题，平衡是解决怎么装的问题。载量控制工作是根据执行航班任务飞机的有关性能数据和燃油重量，准确地计算出本次航班的载运能力，即最大可用业载；根据旅客、货物、行李、邮件的销售情况、待运情况，计算出本次航班的货邮的装载能力；根据飞机货舱的不同类型、布局，合理地选择准备装载的货物、邮件。平衡工作是根据旅客、行李、货物、邮件的实际装载数据，合理地安排装载的位置；将飞机重心控制在规定的范围内并计算出飞机重心的位置。

载重平衡工作人员的责任重大，因为他们直接关系到飞行的安全。机长的飞行操作直接使用载重平衡工作提供的数据，平衡文件的不准确将导致严重的安全事故，相关工作人员也将承担法律责任。同时，载重平衡工作时间紧，特别是平衡工作要求在航班起飞前的15分钟内完成，并在航班起飞后5分钟内拍发载重电报（LDM）及货舱装载电报（CPM）。因此，载重平衡是一项责任重大、技术性很强的工作，对工作人员的要求也很高。这就要求工作人员有高度的工作责任心和强烈的安全意识；有比较全面的运输业务知识，通晓客运、货运、值机等专业知识；有良好的心理素质，遇到突发情况或者紧急情况时要求能够做到沉着冷静；有良好的服务意识，能够协调好与各相关部门的关系；有良好的经济意识，最大限度地为航空公司创造经济效益。

"确保安全！"是载重平衡工作人员必须始终牢记的准则，每一起安全事故都是对工作人员的警钟。荷兰国家航空航天研究所（NLR）最近对1970—2005年全球空难事故库进行了研究，发现82起有完整记录的事故和载重平衡有关。NLR的研究指出，在由载重平衡引发的事故中，客运占61%，货运占39%。尤其是货运飞行，虽然仅占总飞行量的7%，但NLR计算得出货运发生载重平衡问题的风险比客运高8.5倍。1997年8月7日，芬兰航空公司一架DC-8货机在迈阿密机场起飞不久即失速坠毁，导致飞机坠毁的主要原因是载重平衡和飞机装载控制混乱。2001年7月4日，国航CA9009货运航班在安克雷奇机场技术经停，地面人员提供了严重错误的载重平衡表，幸亏机组及时发现才避免了一场严重事故的发生。2002年，南航引进一架价值1.3亿美元的B747-400F新货机，该公司两名员工发现波音公司提供的平衡图表至少存在4处影响飞行安全的重大缺陷。2004年10月14日，英国MK航空公司一架B747-200F货机在加拿大哈利法克斯起飞时由于载重平衡问题导致坠毁。2007年4月21日，中货航MD-11/B2174货机在厦门机场执行CK247货运航班任务，配载人员在计算实际无油及起飞重量时，共遗漏了货物33.699吨，造成飞机计算重量比飞机实际起飞重量少33.699吨，计算的 V_R 速度（抬前轮速度）比实际 V_R 速度少了15 n mile/h，致使飞机起飞离地时速度小、仰角大而擦伤3号VHF天线，构成一起人为原因导致的飞行事故征候。各种事故提醒载重平衡工作人员在工作中要始终确保安全、准确，也有必要对载重平衡的安全问题进行专门的学习和研究。

思考题

1. 什么是飞机的载重与平衡？
2. 载重平衡工作的实质是什么？
3. 与载重平衡工作紧密相关的部门有哪些？
4. 从事载重平衡工作的人员应具备哪些方面的专业知识和素质？
5. 为什么要求载重平衡工作中工作人员要始终牢记安全第一的原则？

第二章　专业基础知识

载重与平衡工作的专业性非常强，要求工作人员具备全面的民航专业知识，通晓民航客运、货运、值机、行李等业务知识，特别要熟悉飞机的结构、类型、客舱布局、货舱布局、集装器等专业知识。

第一节　民用飞机发展历程

20 世纪最重大的发明之一，是飞机的诞生。人类自古以来就梦想着能像鸟一样在天空中飞翔。而 2000 多年前中国人发明的风筝，虽然不能把人带上天空，但它确实可以称为飞机的鼻祖。

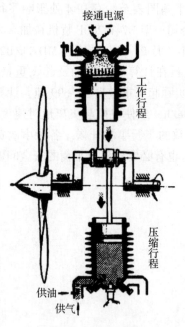

图 2.1　活塞发动机

20 世纪初在美国有一对兄弟在世界的飞机发展史上作出了重大的贡献，他们就是莱特兄弟。在当时大多数人认为飞机依靠自身动力的飞行完全不可能，而莱特兄弟却不相信这种结论，从 1900 年至 1902 年进行了 1000 多次滑翔试飞，终于在 1903 年把一台 4 缸、水平直列式水冷活塞式发动机改装之后，成功地用到"飞行者 1 号"飞机上进行飞行试验（见图 2.1）。他们制造出了第一架依靠自身动力进行载人飞行的飞机"飞行者 1 号"，并且获得试飞成功（见图 2.2）。他们因此于 1909 年获得美国国会荣誉奖；同年，创办了"莱特飞机公司"。这是人类在飞机发展历史上取得的巨大成功。

活塞式小型民用飞机如图 2.3 所示。

图 2.2　1903 年 12 月 17 日莱特兄弟制造的飞机进行首次持续有动力、可操纵的飞行

图 2.3　活塞式小型民用飞机

　　20 世纪 30 年代后期，活塞驱动的螺旋桨飞机的最大平飞时速已达到 700 km，俯冲时已接近音速。与此同时，音障的问题日益突出。苏、英、美、德、意等国大力开展喷气发动机的研究工作。德国设计师奥安在新型发动机研制上最早取得成功。1934 年，奥安获得离心型涡轮喷气发动机专利（如图 2.4 所示）。1939 年 8 月 27 日，奥安使用他的发动机制成 He-178 喷气式飞机。喷气发动机研制出之后，科学家们就进一步让飞机进行突破音障的飞

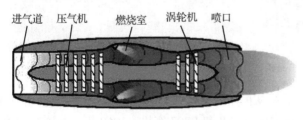

图 2.4　喷气发动机

行，经过 10 多年之后这项工作终于被美国人完成了。在第二次世界大战结束后，涡轮喷气发动机的发明开创了喷气时代，活塞式发动机逐步退出主要航空领域，但功率小于 370 kW 的水平对缸活塞式发动机仍广泛应用在轻型低速飞机和直升机上，如行政机、农林机、勘探机、体育运动机、私人飞机和各种无人机，旋转活塞发动机在无人机上崭露头角。涡轮喷气发动机由于高油耗，主要用于军用飞机，民用飞机很少使用，如 B737-100/200。

1942 年，英国开始研制世界上第一台涡桨发动机曼巴。以后，英国、美国和苏联陆续研制出多种涡桨发动机，这些涡桨发动机的耗油率低，起飞推力大，装备了一些重要的运输机和轰炸机（见图 2.5）。美国在 1956 年服役的涡桨发动机 T56/501，装于 C-130 运输机、P3-C 侦察机和 E-2C 预警机。因螺旋桨在吸收功率、尺寸和飞行速度方面的限制，在大型飞机上涡轮螺旋桨发动机逐步被涡轮风扇发动机所取代，但在中小型运输机和通用飞机上仍有一席之地（见图 2.6）。

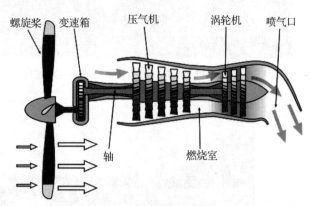

图 2.5　涡桨发动机

图 2.6　涡桨式支线客机国产新舟 60

涡扇发动机（见图 2.7）的发展是从民用发动机开始的。世界上第一台涡扇发动机是 1959 年定型的英国康维，用于 VC-10、DC-8 和 B707 客机。1960 年，美国在 JT3C 涡喷发动机的基础上改型研制成功 JT3D 涡扇发动机，用于 B707 和 DC-8 客机以及军用运

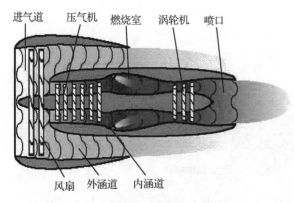

进气道　压气机　燃烧室　涡轮机　喷口

风扇　外涵道　内涵道

图 2.7　涡扇发动机

输机。涡扇发动机投入使用以来，开创了大型宽体客机的新时代。后来，又发展出小推力的高涵道比涡扇发动机，广泛用于各种干线和支线客机（见图 2.8）。

图 2.8　涡扇式支线客机国产 ARJ21

第二节　飞机结构与机型

一、飞机结构

自从世界上出现飞机以来，虽然飞机的结构形式在不断改进，飞机类型不断增多，但到目前为止，除了极少数特殊形式的飞机之外，大多数飞机都是由五个主要部分组成，即机翼、机身、尾翼、起落装置和动力装置。现代民用飞机的结构基本一样，各部位如图 2.9 所示。

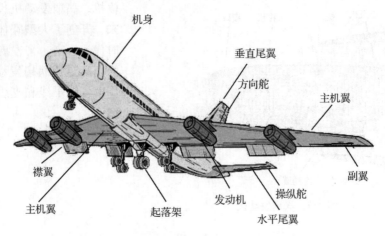

图 2.9　机体结构示意图

各部件都有其独特的功用，详细介绍如下：

1. 机翼

机翼的主要功用是产生升力，以支持飞机在空中飞行，也起到一定的稳定和操纵作用。在机翼上一般安装有副翼和襟翼。操纵副翼可使飞机滚转，放下襟翼能使机翼升力增大。另外，机翼上还可安装发动机、起落架和油箱等。

2. 机身

机身的主要功用是装载乘员、旅客、货物和各种设备，还可将飞机的其他部件如尾翼、机翼及发动机等连接成一个整体。

3. 尾翼

尾翼包括水平尾翼和垂直尾翼。水平尾翼由固定的水平安定面和可动的操纵舵组成，垂直尾翼则包括固定的垂直安定面和可动的方向舵。尾翼的主要功用是用来操纵飞机俯仰和偏转，并保证飞机能平稳地飞行。

4. 起落装置

起落装置是用来支持飞机并使它能在地面和水平面起落和停放。陆上飞机的起落装置，大都由减震支柱和机轮等组成。它用于起飞、着陆滑跑，在地面滑行和停放时支撑飞机。

5. 动力装置

动力装置主要用来产生拉力或推力，使飞机前进。其次还可以为飞机上的用电设备提供电源，为空调等用气设备提供气源。

飞机除了上述五个主要部分之外，根据飞行操纵和执行任务的需要，还装有各种仪表、通讯设备、领航设备、安全设备和其他设备等。

二、机型介绍

现在的民用飞机型号很多，各有各的特点和使用范围。航空公司根据各自航线的要求选择机型。我国的航空公司使用的机型特别多、杂，几乎包含世界所有机型。当然，机型杂有好的一面，可以根据不同航线灵活配置；也有不好的一面，每一种机型需要储备大量航材，占用大量资金，而且需要大量的维修人员和机组人员，增加大量人力成本。

占航空市场绝大部分份额的机型主要为两大飞机制造公司的产品，分别是波音公司及其兼并的麦道公司、空中客车公司。

波音公司旗下的机型在我国使用中的有：B737、B747、B757、B767、B777、B787。

1. B737系列简介

图2.10 B737

B737系列飞机是波音公司生产的双发（动机）中短程运输机，被称为世界航空史上最成功的民航客机，也是民航业最大的飞机家族。B737飞机基本型为B737-100型。传统型B737分为100/200/300/400/500型五种，其中B737-100/200，属于第一代B737。1981年，波音公司决定为B737系列继续设计改进型号，逐步发展形成第二代B737，共有-300/400/500三个基本型号。传统型B737在2000年停止生产，共生产了3000多架。20世纪80年代，空中客车公司推出A320与B737争夺市场，波音公司正式启动新一代B737项目，以应对A320的出现。新一代B737分为600/700/800/900四个基本型号，换装推力更大、性能更好的发动机，并装备新型电子仪表设备，1997年底开始交付使用，由于继续保持着可靠性高、使用成本低的特点，深受各航空公司的青眛，被称为卖得最快的民航客机，到目前为止新一代 B737 系列已交付 2000 多架。B737 飞机是民用航空史上产量最多的大型民用飞机。

1983 年，中国民航开始引进 B737。我国（未含港澳台地区，下同）正在运营的民航客机中，B737 系列占了很大的比例，总数已超过 800 架。

图 2.11　B747

2. B747 系列简介

B747 飞机是波音公司生产的四发（发动机）远程宽机身运输机，是一种研制与销售都很成功的宽机身客机。它的双层客舱及独特外形成为最易辨认的亚音速民航客机。自 B747 飞机投入运营以来，一直垄断着大型运输机的市场，这种情况一直到 2006 年 A380 的出现才有所改变。

B747 基本型为 B747-100。B747-200：B747-100 型的改进型，提高了商务载重，增加了航程，为标准全客运型号。B747-200B：增加起飞重量和航程，增大了载油量。B747-200C（Convertible）：B747-200 型的客货可转换型。B747-200M Combi：B747-200 型的客货混合型。B747-200F：B747-200 型的全货运型，是最常见的大型货机。可载货 90 t，航程 8300 km。B747SP（Special Performance，特殊性能）为 B747-100 型的缩短型，加大了航程。B747-300：B747-200 型的改进型，加长上层机舱，有利于稳定气流、降低阻力，进而减少油耗。B747-400：属于第二代 B747，在 B747-300 型的基础上安装了新型电子仪表设备，具有数字化驾驶舱。翼尖处加装翼梢小翼，也是其在外形上与 B747-300 型的一个明显区别。B747-400 系列是 B747 系列中最受欢迎的型号。B747-400D（Domestic）：B747-400 型的高客容量型，客舱可载客 568 名。B747-400 Combi：B747-400 型的客货混合型，可在全客机、客货混合之间进行转换。B747-400F：B747-400 型的全货机型，缩短了上层客舱，与 B747-200F 类似。

我国航空公司共运营 20 架 B747 系列。

3. B757 系列简介

图 2.12 B757

B757 飞机是波音公司生产的双发（动机）窄体中远程运输机。B757 飞机的主要设计目标是通过降低油耗、减轻机体重量来降低使用成本，提高经济性。B757 飞机拥有亚音速窄体客机中最大的航程。它只有两种型号：B757-200 和 B757-300。B757-200 的机身比 B757-300 短，但航程较长；B757-300 载客量增加 20%，货运空间增加 50%，但航程减少。

我国航空公司拥有 B757-200（F）飞机 37 架。

4. B767 系列简介

图 2.13 B767

B767 飞机是波音公司生产的双发（动机）半宽体中远程运输机。客舱采用双通道布局，且能装载集装箱和集装板。由于 B767 的机体内部直径只有 4.7 m，是宽体客机中最窄的，而且货舱容积也较小，所以只能容纳窄体机惯用的航空用 LD2 集装箱，而不能使用较大的宽体机常用的 LD3 集装箱。B767 系列包括三种基本型号，B767-200、B767-300 和 B767-400，区别主要在机身长度上，每种基本型号都对应着一种加大航程型（Extended Range，ER），在 B767-300ER 基础上还研制生产了货运机型。

我国航空公司运营着 7 架 B767 客机。

5. B777 系列简介

图 2.14　B777

　　B777 是美国波音公司研制的双发宽体客机。B777 在大小和航程上介于 B767-300 和 B747-400 之间，具有座舱布局灵活、航程范围大和不同型号能满足不断变化的市场需求的特点。B777 采用三级客舱布局，双过道客舱。客舱地板下前舱、后舱的空间可装载 LD1~LD6 以及 LD10 和 LD11 集装箱，也可装 2.44 m×2.44 m 的集装板。B777 主要机型目前共有 5 种型号：B777-200、B777-200ER、更大的 B777-300，以及两款远程机型 B777-200LR 和 B777-300ER。此外，还有 B777 全货机。

　　我国航空公司运营着 60 多架 B777-200 系列飞机。

6. B787 系列简介

　　B787 梦想飞机（Dreamliner）是波音公司正在研制生产中的中型双发（动机）宽体中远程运输机，是波音公司 1990 年启动 B777 计划后 14 年来推出的首款全新机型。B787 系列属于 200 座至 300 座级飞机，航程随具体型号不同可覆盖 6500~16000 km。B787 的特点是大量采用复合材料，具备低燃料消耗、高巡航速度、高效益及舒适的客舱环境，可实现更多的点对点不经停直飞航线。B787 系列飞机当前共推出 B787-3、B787-8、B787-9、B787-10 等四种机型。

　　我国航空公司运营着 20 架 B787 客机。

图 2.15　B787

空中客车公司旗下的机型在我国使用中的有 A300、A310、A320、A330、A340、A380。

1. A300 系列简介

图 2.16　A300

A300 是欧洲空中客车公司在法、德、英、荷兰和西班牙等国政府支持下研制的世界上第一架双发宽体客机，亦是空中客车公司第一款投产的客机。当初设计为单一舱位最多可载客 300 人，因此命名为 A300。客舱有两条走道，货舱可以并排放下 LD3 标准集装箱或集装板。A300B1 为原型机。A300B2 是第一种量产型号。A300B4 为主要生产型号，是远程型。A300-600 拥有与 B2 和 B4 相同的长度但是增加了内部空间。A300-600R 型是 A300-600 的加大航程型，尾部加装了油箱。A300-600ST "白鲸" 是在 A300-600R 基础上加大了机身，以适应装运飞机大件的需要。

我国航空公司运营的 A300 系列飞机已全部退役。

2. A310 系列简介

图 2.17　A310

A310 是空中客车公司在 A300B 基础上研制的 200 座级中短程双通道宽体客机。A310 机身缩短，采用了新的机翼设计，是第一架采用电子飞行仪表与驾驶舱中央电子飞行监视器的客机。另一个创新在于使用电子信号，取代以往由钢索操作的控制面。A310-200 型为基本型。A310-200F 型是 A310-200 型的货运型。A310-300 型是 A310-200 型的加大航程型，外形上与 A310-200 型几乎相同。A310-300 通过附加的中央和水平尾翼油箱增加了最大起飞重量和续航能力。A310-300F 型是 A310-300 型的货运型，为客机改装型。

东航原有 A310 系列 3 架。2006 年 9 月 25 日，A310 飞机正式退出中国民航航线运营。

3. A320 系列简介

A320 系列是空中客车公司研制生产的双发中短程 150 座级运输机，是世界上第一种采用电传操纵系统的亚音速民航运输机，改变了过去主要靠机械装置传输飞行员指令来控制飞机的姿态和动作。同时采用侧置的操纵杆代替传统驾驶盘。A320 系列包括 150 座的 A320、186 座的 A321、124 座的 A319 和 107 座的 A318 四种型号。A320-100：基本型；A320-200：远程型；A321：A320 的加长型；A321-100：基本型；A321-200：加大航程型；A319：A320 缩短型；A318：是 A320 家族里面最小的成员。

我国航空公司拥有 A320 系列飞机超过 800 架。

图 2.18　A320

4. A330 系列简介

A330 是一款由空中客车公司生产的双发中远程双过道宽体客机，是现役空中客车飞机中航程最远的双发飞机，该型飞机宽大的底舱提高了货运运营效益。A330 系列飞机货运空间比 B747 还大，下层货舱的货运能力可使航空公司运载更多的货物。A330 共有两个型号：A330-300 和 A330-200。A330-300 机身设计是在 A300-600 的基础上加长；A330-200 从机身较长的 A330-300 衍生而来，是 A330 的远程、短机身型。

我国航空公司拥有 A330 系列飞机近 150 架。

图 2.19 A330

5. A340 系列简介

图 2.20 A340

A340 是一种由空中客车公司制造的四发（动机）远程双过道宽体客机。基本设计上类似于双发 A330，但是多了 2 台发动机，装备 4 台发动机。A340 系列宽体飞机面向 295~380 座级远程和超远程飞机市场。A340 主要型号为 A340-200 及 A340-300。A340-200 型机身比 A340-300 型短，载客量亦较少，但航程较长；此外还有超长程型的 A340-500 型及高载客量的 A340-600 型。

我国航空公司拥有的 A340 系列飞机已退役。

麦道公司旗下的机型在我国使用过的有 MD80、MD82、MD90、MD11。

1. MD90 系列简介

MD90 系列是美国原麦克唐纳·道格拉斯公司（以下简称麦道公司）从 MD80 客机发展来的中短程双发喷气客机，用来替代 MD80 系列客机。由于 1997 年波音公司兼并麦道公司，MD90 与波音产品系列发生冲突，现已停产。MD90-30 是最先推出并唯一交付使用的型号。

我国航空公司拥有的 MD90 系列飞机已全部退役。

图 2.21　MD90

2. MD11 系列简介

图 2.22　MD11F

MD11 是麦道公司针对 20 世纪 90 年代世界民机市场需要推出的先进中/远程三发大型宽体客机，以取代 DC-10，是在 DC10-30 基础上研制的。1997 年，波音公司兼并麦道公司，由于 MD11 与波音产品系列发生冲突，在 2000 年停产。

中货航拥有 6 架 MD11 飞机，已全部退役。

巴西航空工业公司是全世界第四大民用飞机制造者，也是世界上主要的支线客机制造商之一。主要机型有 EMB-110/120 系列、ERJ135/140/145 系列和 ERJ170/175/190/195 系列。ERJ145 原名为 EMB-145。EMB-145 "亚马逊" 是巴西航空工业公司研制的第一种涡扇式支线客机。ERJ145 生产的基本型号为 ERJ145ER，此外，还有 ERJ145LR 远程型、ERJ145XR 超远程型。

我国共运营着 20 多架 ERJ145，70 多架 ERJ190。

图 2.23　ERJ

庞巴迪宇航公司是一家国际性交通运输设备制造商。主要产品有支线飞机、公务喷气飞机，是目前唯一能提供 40 座到 90 座支线喷气飞机系列的公司。庞巴迪是中国大陆支线飞机的主要供应商，同时也在我国国内进行合资生产。主要型号有：CRJ-100/200型、CRJ-700 型、CRJ-900 型。CRJ200：目前的标准生产型。CRJ701/702：CRJ700 系列主要产品，70 座级支线喷气飞机。CRJ-900：90 座级支线喷气飞机，为 CRJ-700 型的加长型，是 CRJ 系列中最大、最新的成员。CRJ-900 系列也为用户提供了基本型、延程型（ER）、远程型（LR）。

图 2.24　CRJ

中国民航从近几年开始引进 CRJ 系列飞机，中国大陆地区航空公司拥有 CRJ 系列飞机 20 架。

中国使用过的机型还有伊尔 86、雅克 42、安 24、BAE-146、肖特 360、SAAB340、ATR72A、DH8 等，以及我国制造的 ARJ、新舟 60、运 7、运 8、运 10、运 11、运 12 等型飞机。

三、机型分类

根据客舱的布局和座位数可分为以下三类。

1. 大型飞机：座位数在 200 以上，飞机上有双通道通行

B747　载客数 400 人左右

B767　载客数 250 人左右

B777　载客数 350 人左右

B787　载客数 230 人左右

MD11　载客数 340 人左右

A300　载客数 280 人左右

A310　载客数 250 人左右

A330　载客数 300 人左右

A340　载客数 350 人左右

A350　载客数 300 人左右

A380　载客数 500 人左右

伊尔 86　载客数 300 人左右

2. 中型飞机：单通道飞机，载客数在 100 人以上，200 人以下

MD82/MD90　载客数 150 人左右

B737　载客数 150 人左右

B757　载客数 200 人左右

A320　载客数 150 人左右

BAE-146　载客数 100 人左右

YK42　载客数 110 人左右

3. 小型飞机：100 座以下飞机，多用于支线飞行

运 7/8/12　载客数 50 人左右

安 24　苏联飞机，载客数在 50 人左右

SAAB340　载客数 30 人左右

ATR　载客数 70 人左右

CRJ　载客数 70 人左右

ERJ　载客数 50 人左右

ARJ　载客数 80 人左右

DH8　载客数 40 人左右

根据机身宽度可分为以下两类。

1. 宽体飞机

大型飞机都为宽体飞机。

波音：B747、B767（半宽）、B777

空客：A300、A310、A330、A340、A380

麦道：MD11

伊尔：伊尔86

2. 窄体飞机

中型、小型飞机都为窄体飞机。

飞机的舱位结构主要分为两种舱位，主舱（Main deck）和下舱（Lower deck），但有些机型，如 B747 分为三种舱位，上舱（Upper deck）、主舱和下舱，如图 2.25 所示。

根据飞机主要装载内容可分为以下三类。

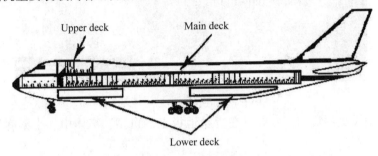

图 2.25 舱位结构

- 全客机：飞机主舱搭载旅客的飞机。见图 2.26。
- 全货机：飞机主舱和腹舱全部装载货物的飞机。见图 2.27。

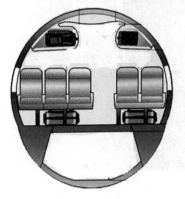

图 2.26 客机

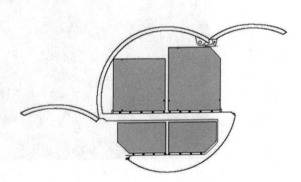

图 2.27 货机

- 客货混合机型：在机身主舱后部将座位撤掉改为货舱，机身左侧后开大型货舱门。常见机型为 B747-200M、B747-400M。见图 2.28。

根据货舱类型可分为以下两类：

a. 集装型飞机：货物装入集装器（Unit Load Device，ULD）后方可装入货舱的机型。宽体大型飞机都是集装型飞机，窄体中型全货机一般也是集装型飞机。见图 2.29。

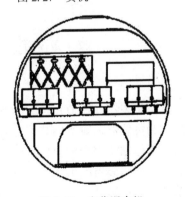

图 2.28 客货混合机

图 2.29 集装型飞机主货舱

  b. 散装型飞机：货物直接放置在货舱地板上的机型。窄体中、小型客机都是散装型飞机。见图 2.30。

图 2.30 散装型飞机腹舱

第三节 航空集装器

  航空集装器（ULD）是国际航空运输协会（IATA）将在航空运输中所使用的成组工具称为集装器。航空集装器分为注册集装器和非注册集装器两类。注册集装器是指与飞机的形体结构完全配套，可以与机舱内的固定装置直接联合与固定的集装器；非注册集装器是指集装器的形状与飞机内部不吻合，不能直接在机舱中固定。集装器的使用可以节约大量的装卸、中转时间，同时可以保证货物运输周转期间的安全。集装器被视为飞机中可以拆卸的一部分。

一、航空集装器的种类

1. 组合结构的集装器（Combination of Components）

- 飞机集装板和网罩（Aircraft Pallet and Net）
- 飞机集装板、网罩和无结构拱形盖板（Aircraft Pallet，Net and Non-structural Igloo）

2. 全结构集装器（Complete Structural Unit）

- 飞机下舱用集装器（Lower Deck Cargo Container）
- 飞机主舱用集装器（Main Deck Cargo Container）
- 有结构拱形集装器（Structural Igloo Assembly）

航空集装器按形状可分为集装板（Pallet and Net）、集装箱（Container）、集装棚（Igloo）。集装板按货物装载高度可分为高板、中板、低板。集装箱可分为腹舱集装箱、主货舱集装箱、冷藏箱等。

每一个集装器都有一个编号及标志，ULD 标志能在装卸飞机、地面操作、信息交流、物流控制和财务结算等多个环节中方便信息和数据交换，并同时提供货物装载方面的信息和数据参考。

例如：

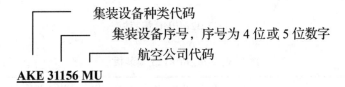

```
          ┌──── 集装设备种类代码
          │  ┌──── 集装设备序号，序号为 4 位或 5 位数字
          │  │  ┌──── 航空公司代码
        AKE 31156 MU
```

二、常用集装板

常用集装板如图 2.31～图 2.34 所示，其具体类型和各种数据见表 2-1～表 2-4。

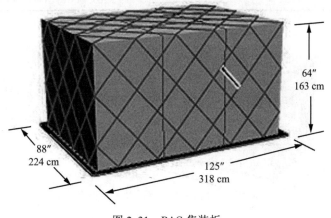

图 2.31　PAG 集装板

表 2-1　88″×125″集装板

集装板类型	P1A、P1C、P1D、P1G、P1P、PAA、PAD、PAG、PAJ、PAP、PAX
集装板尺寸	Base：88″×125″；Height：64″（LD），96″（MD）
集装板重量	105 kg
集装板最高可容重量（包括集装板重量）	4626 kg（LD），6033 kg（MD）
集装板适载机型	B747，B767，B777，A300，A310，A330，A340，MD11

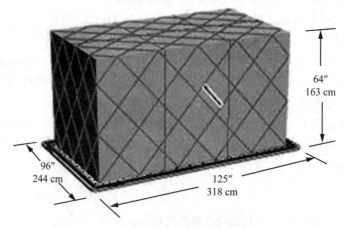

图 2.32　PMC 集装板

表 2-2　96″×125″集装板

集装板类型	P6A、P6C、P6P、P6Q、PMA、PMC、PMP、PQP
集装板尺寸	Base：96″×125″；Height：64″（LD），96″（MD）
集装板重量	105 kg
集装板最高可容重量（包括集装板重量）	5035 kg（LD），6804 kg（MD）
集装板适载机型	B747，B767，B777，A300，A310，A330，A340，MD11

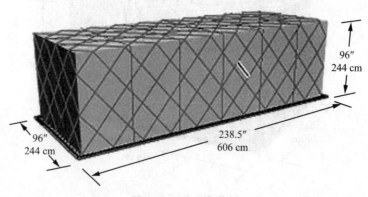

图 2.33　PGA 集装板

表 2-3　96″×238.5″集装板

集装板类型	P7A、P7E、P7F、P7G、PGA、PGE、PGF、PSA、PSG
集装板尺寸	Base：96″×238.5″；Height：96″
集装板重量	480 kg
集装板最高可容重量（包括集装板重量）	11340 kg
集装板适载机型	B747F，MD11F

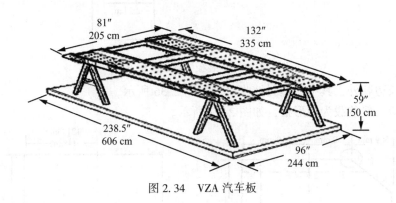

图 2.34　VZA 汽车板

表 2-4　汽车板

车架类型	VZA，VRA
尺寸	适用于 PGA20 尺寸的集装板
下层车辆的最大宽度	81″/205 cm
下层车辆的最大中心高度	59″/150 cm
最大轮距	312 cm
车架重量	319 kg（2 支架 139 kg，平台 180 kg）
最高可容重量（包括载具重量）	2500 kg（上车辆），9300 kg（最高总重量）
适载机型	B747F，MD11F

　　集装板按照装载位置的不同，货物装载的高度也不同，如图 2.35 所示。集装板又分为高板（H）、中板（M）、低板（L）。

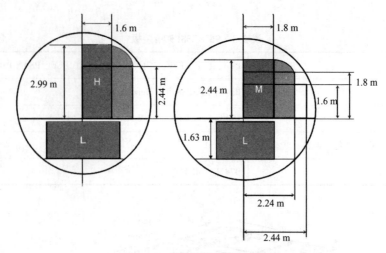

图 2.35　集装板装载技术标准

- 高板的长边朝外，其中一边斜坡收口，如图 2.36 所示。
  - 中板一般装载为矩形板，如图 2.37 所示。

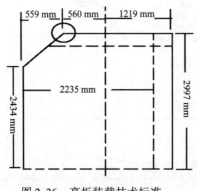

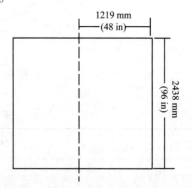

图 2.36　高板装载技术标准　　　　　图 2.37　中板装载技术标准

- 低板可以装载为矩形板或出（探）板，如图 2.38、图 2.39 所示。

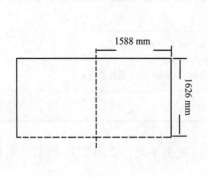

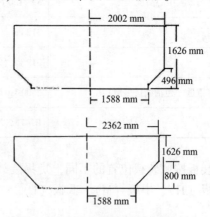

图 2.38　低矩板装载技术标准　　　　　图 2.39　低探板装载技术标准

三、常用集装箱

常用集装箱如图 2.40~图 2.48 所示，其具体类型和各种数据见表 2-5~表 2-13。

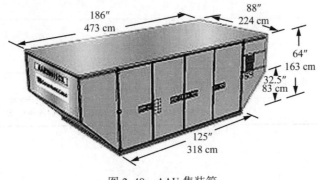

图 2.40　AAU 集装箱

表 2-5　LD29 集装箱

集装箱类型	AAU
ATA 代码	LD29
集装箱容量	505 ft^3，14.3 m^3
集装箱重量	355 kg
集装箱最高可容重量（包括集装箱重量）	4626 kg
集装箱适载机型	B747，B777，A300，A310，A330，A340，MD11

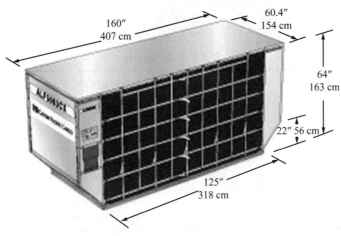

图 2.41　ALF 集装箱

表 2-6　LD6 集装箱

集装箱类型	ALF、AWA、AWF
ATA 代码	LD6
集装箱容量	310 ft³，8.78 m³
集装箱重量	155 kg
集装箱最高可容重量（包括集装箱重量）	3175 kg
集装箱适载机型	B747，B777，A300，A310，A330，A340，MD11

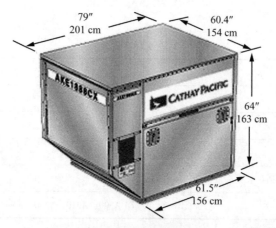

图 2.42　AKE 集装箱

表 2-7　LD3 集装箱

集装箱类型	AKE，AVE、AVA、AVB、AVM、AKN
ATA 代码	LD3
集装箱容量	152 ft³，4.3 m³
集装箱重量	100 kg
集装箱最高可容重量（包括集装箱重量）	1588 kg
集装箱适载机型	B747，B777，A300，A310，A330，A340，MD11

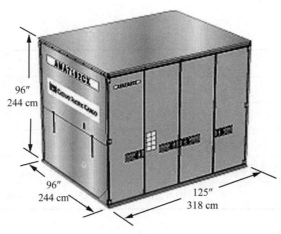

图 2.43 AMA 集装箱

表 2-8 M1 集装箱

集装箱类型	AMA
ATA 代码	M1
集装箱容量	621 ft^3, 17.58 m^3
集装箱重量	360 kg
集装箱最高可容重量（包括集装箱重量）	6804 kg
集装箱适载机型	B747F，MD11F

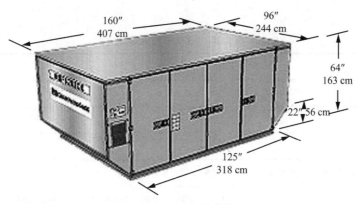

图 2.44 AMF 集装箱

表 2-9　AMF 集装箱

集装箱类型	AMF
ATA 代码	n/a
集装箱容量	516 ft³，14.6 m³
集装箱重量	330 kg
集装箱最高可容重量（包括集装箱重量）	5035 kg
集装箱适载机型	B747，B777，A300，A310，A330，A340，MD11

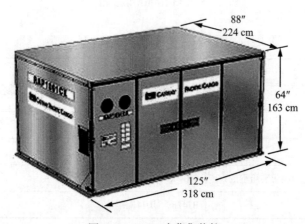

图 2.45　RAP 冷藏集装箱

表 2-10　LD9 冷藏集装箱

冷藏集装箱类型	RAP
ATA 代码	LD9
冷藏集装箱容量	352 ft³，9.2 m³
冷藏集装箱重量	330 kg
冷藏集装箱可容重量（包括载具重量）	4626 kg
集装板适载机型	B747，B777，A300，A310，A330，A340，MD11

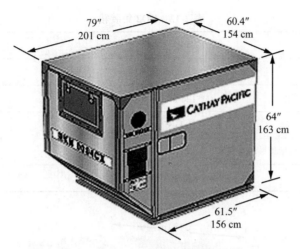

图 2.46 RKN 冷藏集装箱

表 2-11 LD3 冷藏集装箱

冷藏集装箱类型	RKN
ATA 代码	LD3
冷藏集装箱容量	125.41 ft³, 3.55 m³
冷藏集装箱重量	190 kg
冷藏集装箱可容重量（包括载具重量）	1588 kg
集装板适载机型	B747, B777, A300, A310, A330, A340, MD11

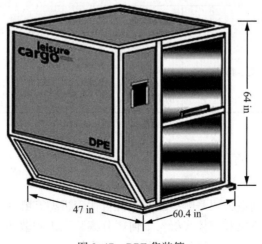

图 2.47 DPE 集装箱

表 2-12 LD2 集装箱

集装箱类型	DPE
ATA 代码	LD2
集装箱容量	120 ft^3，3.4 m^3
集装箱重量	80 kg
集装箱最高可容重量（包括集装箱重量）	1200 kg
集装箱适载机型	B767

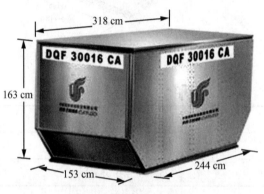

图 2.48 DQF 集装箱

表 2-13 LD8 集装箱

集装箱类型	DQF
ATA 代码	LD8
集装箱容量	250 ft^3，7.2 m^3
集装箱重量	125 kg
集装箱最高可容重量（包括集装箱重量）	2449 kg
集装箱适载机型	B767

思考题

1. 世界五大飞机制造公司是哪些公司？各自代表机型有哪些？
2. 如何区分宽体飞机和窄体飞机？如何区分集装飞机和散装飞机？
3. 中国的航空公司使用的机型中哪些是大型宽体飞机？

4. 如何区分全客机、全货机和客货混合机？

5. 什么叫航空集装器？ULD 的全称和含义是什么？

6. 航空集装器有哪些种类？按照外形分类有哪几种？

7. 集装器代号 PMC33563CA 的含义是什么？技术标准是多少？可以使用在哪些机型上？

8. LD2 型的集装箱可以使用在哪些机型、哪些舱位上？

9. 如何区分高、中、低板？各自使用在什么机型、什么舱位上？

10. 什么叫出板或探板？装载技术标准是多少？

11. PGA 的集装板可以使用在什么机型上？货物的装载高度限制是多少？

第三章　飞机业务载重量的控制

　　业载是指飞机上所装载的商业性旅客、行李、货物、邮件的全部重量。飞机的最大可用业载是指所能装载的客、行、货、邮的最大允许重量。需要强调的是，最大可用业载不是针对某一架飞机来说的，而是就某一架执行特定航班的飞机来说的，因为同一架飞机执行不同的航班最大可用业载是不同的。每一个航班都必须根据不同情况，计算出该飞机的最大可用业载。执行航班飞行任务的每一架飞机的可用业载必须得到严格的控制，任何情况下的超载都将造成严重的事故，甚至机毁人亡。

　　严格控制飞机的业载是为了保证航班能够安全地起飞、飞行、降落。要保证安全起飞，起飞时的飞机重量就不能超过飞机的最大起飞重量；要保证安全降落，降落时的飞机重量就不能超过飞机的最大落地重量；还要考虑到特殊情况时飞机非正常状态降落，需要飞机上没有燃油，所以飞机的重量不能超过最大无油重量。飞机的最大起飞重量、最大落地重量、最大无油重量是飞机的性能数据，由飞机制造厂提供。

第一节　飞机的最大可用业载

　　本节主要介绍飞机的基本重量、最大起飞重量、最大落地重量、最大无油重量、起飞油量、备油量。

一、飞机的最大起飞重量 (Maximum Takeoff Weight，MTOW)

　　是指根据飞机结构强度和发动机的功率等因素规定的，飞机在起飞滑跑并达到抬起前轮速度时全部重量的最大限额。起飞时，航空器必须能产生大于航空器本身重力的升力，才能使航空器离开地面升空。由于航空器只能产生有限的升力，所以航空器本身的总重必须受到限制，以保障能够正常起飞离地。在确定民用航空器最大起飞重量时需要满足一定的适航标准，一般在国际民航组织规定的国际标准大气条件下测定。在这种情况下，即使在达到 V_1 速度 [V_1 速度是驾驶员中断起飞必须采取第一个措施（如使用刹车、减小推力、打开减速板等）的最大速度，以便使飞机加速到停止距离内停下] 后一个引擎熄火，飞机也必须能够安全起飞。最大起飞重量受以下因素影响：①机身设计

——飞机本身重量和气动设计；②引擎种类和推力——机翼能产生多少升力取决于空气流过机翼的速度。

虽然性能数据也不是一成不变的，但航空公司会根据使用时的不同环境和情况作相应的修正。这些因素包括：

（1）机场高度（气压高度）——气压高度变化伴随着空气密度变化，密度变化会使发动机性能和机翼效能发生变化。

（2）气温——气温升高会导致空气密度变小，使得发动机效率降低。

（3）气压——较高的气压可以令机翼产生更多升力。

（4）跑道长度——跑道长度会影响飞机离地前的可用加速距离，如果跑道过短，飞机有可能没有足够时间加速到预期起飞速度。

（5）跑道状况——跑道有积雪或凹凸不平就会产生较多阻力，使得飞机加速较缓慢。跑道有坡度也会影响飞机加速。

（6）净空条件——如果机场起落航线上有障碍物，那么最大起飞重量还要受进一步限制，必须保证航空器有足够的越障能力。

（7）风向、风速——风向与跑道的角度，风速的大小也会影响飞机的升力大小。

（8）襟翼放下位置——襟翼度的大小会影响升力的大小。

二、飞机的最大落地重量（Maximum Landing Weight，MLDW）

也称最大着陆重量，是根据飞机的起落架设备和机体结构所承受的冲击载荷而规定的，是飞机在着陆时全部重量的最大限额。飞机降落触地的一瞬间有很大惯性，起落架和机身会承受巨大的冲击力。限制飞机着陆时的重量就是为了保证冲击力不会对机体结构造成损坏。最大落地重量受以下因素影响：①起落架强度——高强度起落架可以承受更大的冲击力；②机体结构强度——高强度的机身结构能经受大的冲击。

航空公司会根据使用时的不同状况作相应的修正。这些因素包括：

（1）机场跑道长度——落地重量大惯性大，落地滑行的距离要求长。

（2）机场跑道强度——强度小能够经受的冲击力小。

（3）气压——较高的气压可以令机翼产生更多升力，降低落地的速度。

（4）净空条件——如果机场起落航线上有障碍物，就会增大飞机接地的角度，增大冲击力。

（5）风向、风速——风向与跑道的角度，风速的大小也会影响飞机的升力大小，影响落地的速度。

三、飞机的最大无油重量（Maximum Zero Fuel Weight，MZFW）

也称为最大零油重量，是根据机翼的结构强度而规定的，是飞机在没有燃油情况下全部重量的最大限额。飞机的升力主要由机翼产生，机翼再作用于机身，通过机翼与机身的结合部传导，结合部位承受的是向上的扭力；飞机的主油箱位于机翼的根部，燃油的重量产生的是向下的重力，可以抵消部分的扭力。飞机在没有燃油的情况下相对地向上扭力增大，会对机体结构造成影响，所以通过限制飞机无油时的重量来减少扭力，保证飞机结构安全。

四、飞机的基本重量（Basic Weight，BW/OEW）

是指除业务载重量和燃油以外，已经完全做好飞行准备的飞机重量。它的组成包括以下几个部分。

（1）空机重量：结构重量、动力装置、固定设备、剩余燃油、润滑油、空调设备等。

（2）附加设备：服务设备、机务维修设备。

（3）空勤人员和携带物品：飞行人员、乘务人员及其行李。

（4）机上供应品：餐食和饮料。

（5）公务载重：不计入商业载重的物品。

五、修正后的基本重量（Dry Operating Weight，DOW）

在标准的基本重量基础上，每次航班将根据实际飞行任务的需求不同，对实际机组、航材、食品、附加设备等变量项目进行修正。修正后的基本重量才是每次航班计算业载的可用数据。

六、操作重量（Operating Weight，OW）

除业载以外做好飞行准备的飞机重量。包括修正后的基重和起飞燃油，与修正后的基本重量的关系是多了起飞燃油。

七、起飞燃油（Takeoff Fuel，TOF）

指飞机在起飞滑跑并达到抬前轮速度时，飞机油箱可供飞机使用的全部燃油的重量。包括航段耗油和备油。航段耗油（Trip Fuel，TFW）是飞机由起飞站到降落站所需消耗的油量。计算方法：发动机每小时耗油×航段距离/平均地速。（配载平衡人员无须亲自计算，由航行部门确定。）

起飞油量区别于实际的飞机加油量（轮挡油量），加油量还包括飞机准备起飞前发动机开车从登机口滑行到跑道，在跑道头开始加速滑跑的耗油。

燃油的作用：除了提供发动机能量外，可加强飞机横侧稳定性和抗干扰能力；抵消机翼与机身的扭力。某些飞机还规定了最少油量限制和最大着陆油量限制。

八、备油（Reserve Fuel，RFW）

考虑到航班目的站机场可能因为特殊情况如恶劣天气等，不允许飞机降落，每次飞行飞机都应当携带航行备用油量。航行备用油量，应当根据天气情况、航空器性能、航程和备降机场远近等情况确定。国内飞行的航行备用油量，应当保证航空器到达着陆机场不能着陆而飞抵最远的备降机场上空，还有不少于 45 min 的油量。以起飞机场作为备降机场时，航行备用油量不得少于 90 min 的油量，并且还应当准确计算飞行返航点，保证航空器返航至起飞机场上空时，还有不少于 45 min 的油量。国际航线飞行的航行备用油量应当包括：航线飞行时间 10% 的燃油量；飞抵备降机场的燃油量；在备降机场上空等待 30 min 的燃油量；在备降机场进近并着陆的燃油量。（配载平衡人员无须亲自计算，由航行部门确定。）

要计算出某一航班的最大可用业载，首先要获得执行该航班的飞机注册号，了解该架飞机的机型，获得该飞机的性能数据，包括：基本重量（如果有修正重量，获得修正后的基本重量）、最大起飞重量、最大落地重量、最大无油重量。然后向航行部门获得该航班的起飞油量和备油。最后通过以下方法计算出本次航班的最大可用业载。

控制最大可用业载的目的是为了飞行安全，要想保证起飞时安全必须使实际的起飞重量小于最大起飞重量。起飞时飞机的重量＝修正后的基本重量+起飞油量+业载，那么，最大可用业载=最大起飞重量-修正后的基本重量-起飞油量。

$$\text{MAX PAYLOAD} = \text{MTOW} - \text{DOW} - \text{TOF} \qquad 公式（1）$$
$$(\text{MAX PAYLOAD} = \text{MTOW} - \text{OW}) \qquad 公式（1）$$

要想保证落地时安全必须使实际的落地重量小于最大落地重量。落地时飞机的重量＝修正后的基本重量+备油+业载，那么，最大可用业载=最大落地重量-修正后的基本重量-备油。

$$\text{MAX PAYLOAD} = \text{MLDW} - \text{DOW} - \text{RFW} \qquad 公式（2）$$
$$(\text{MAX PAYLOAD} = \text{MLDW} - \text{OW} + \text{TFW}) \qquad 公式（2）$$

要想保证无油时安全必须使实际的无油重量小于最大无油重量。无油时飞机的重量＝修正后的基本重量+业载，那么，最大可用业载=最大无油重量-修正后的基本重量。

$$\text{MAX PAYLOAD} = \text{MZFW} - \text{DOW} \qquad 公式（3）$$
$$(\text{MAX PAYLOAD} = \text{MZFW} - \text{OW} + \text{TOF}) \qquad 公式（3）$$

现在得到了三个最大可用业载，但每一个业载都只满足某一方面的安全要求。每一次飞行都要求同时满足这三个方面的安全要求，所以要在这三个最大可用业载中选择最小值作为本次航班的最大可用业载。

公式选用方法如表3-1所示。

表 3-1　公式选用方法

TOF	TFW	RFW	选用公式
大于 MTOW−MZFW	大于 MTOW−MLDW		（1）
	小于 MTOW−MLDW	大于 MLDW−MZFW	（2）
小于 MTOW−MZFW		小于 MLDW−MZFW	（3）

例如：B757-200（B-2812 号）飞机执行 CZ3532 航班 SHA—CAN 飞行任务。

已知：　MTOW108800，MLDW89800，MZFW83400，DOW58994，TOF14500，TFW8200，请计算航班最大可用业载。

计算过程：

公式（1）　MAX PAYLOAD=MTOW−DOW−TOF

　　　　　　最大可用业载=108800−58994−14500=35306

公式（2）　MAX PAYLOAD=MLDW−DOW−RFW

　　　　　　最大可用业载=89800−58994−（14500−8200）=24506

公式（3）　MAX PAYLOAD=MZFW−DOW

　　　　　　最大可用业载=83400−58994=24406

选择最小值 24406 作为该航班的最大可用业载。

需要注意：如果是有经停站的航班，因为经停站油量发生了变化，所以在经停站必须重新计算最大可用业载。也就是说，每一次起飞前都必须计算最大可用业载。

第二节　航段可用业载的分配

　　直达航班的最大可用业载就是该航段的可用业载。但是如果是有经停站的航班，由于各站油量不同，所以各站可用业载不同，而且中间站有固定配额，也有临时索让等情况发生，需要合理分配可用业载。始发站的可用业载要根据前方站的具体情况合理分配到各个航段。如图 3.1 所示。

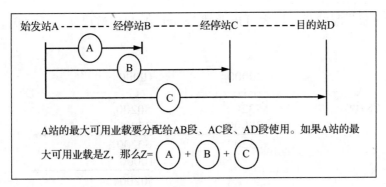

图 3.1　始发站可用业载分配

相关概念如下：

（1）固定配额——经停站的可用业载一般由始发站控制，经停站与始发站协议确定的可固定使用到目的站的载量称为固定配额。分为客座的固定配额和货物的固定配额。

（2）索让——经停站由于临时发现原有固定配额不够，向其他各站索要可用业载。向始发站索要一般为临时要求增加固定配额，而向其他经停站索要，其他经停站只能转让自己的固定配额。

（3）通程业载——始发站可以一直利用到终点站的业载。

业载分配按照远程优先的原则。即在保证前方各站固定配额的情况下，优先将业载分配给最远航段，也就是优先保证通程业载。各种情况下的业载分配方法如下所述。

一、始发站的业载分配

1. 经停站有固定配额但不发生索让

经停站先分别将本站最大可用业载减去本站固定配额和需要通过本站的固定配额，在各站所剩下的业载余额中选最小值即为通程业载。各站最大可用业载减去通程业载后的剩余业载再按远航段优先的原则继续分配。

可以用画线法来表示：

例1：

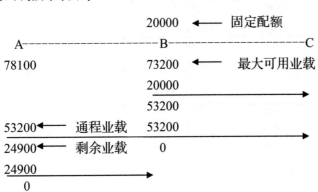

A 站的业载分配结果：最大可用业载 78100 中，AB 航段使用 24900；AC 航段使用 53200。

例2：

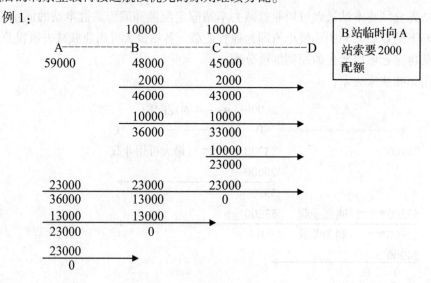

```
                    20000              10000
 A——————————————— B ——————————————— C ——————————————— D
 78100              73200             80200
                    20000             20000
                    53200             60200
                                      10000
                                      50200
 50200              50200             50200
 27900              3000              0
 3000               3000
 24900              0
 24900
 0
```

A 站的业载分配结果：最大可用业载 78100，分配给 AB 航段使用 24900；AC 航段使用 3000；AD 航段使用 50200。

2. 经停站有固定配额并发生索让

1）经停站向始发站要求索让

经停站向始发站索要的可用业载其实就是临时增加该站的固定配额。经停站先分别将本站最大可用业载减去索要的业载，再减去本站原有固定配额和需要通过本站的固定配额，在各站所剩下的业载余额中选最小值即为通程业载。各站最大可用业载减去通程业载后的剩余业载再按远航段优先的原则继续分配。

例1：

```
                    10000              10000          B 站临时向 A
 A——————————————— B ——————————————— C ——————————————— D   站索要 2000
 59000              48000             45000              配额
                    2000              2000
                    46000             43000
                    10000             10000
                    36000             33000
                                      10000
                                      23000
 23000              23000             23000
 36000              13000             0
 13000              13000
 23000              0
 23000
 0
```

A 站的业载分配结果：最大可用业载 59000，分配给 AB 航段使用 23000；AC 航段使用 13000；AD 航段使用 23000。

2）经停站向后方经停站要求索让

经停站向后方经停站要求索让，其实是要求后方经停站将其固定配额让给它使用。要求索让的经停站先分别将本站最大可用业载减去索要的配额，再减去本站原有固定配额和需要通过本站的固定配额；让出配额的经停站将本站最大可用业载减去原有固定配额，让出的固定配额原来可以用到目的站，现在只能用到要求索让的经停站，并减去需要通过本站的固定配额；在各站所剩下的业载余额中选最小值即为通程业载。各站最大可用业载减去通程业载后的剩余业载再按远航段优先的原则继续分配。

例 2：

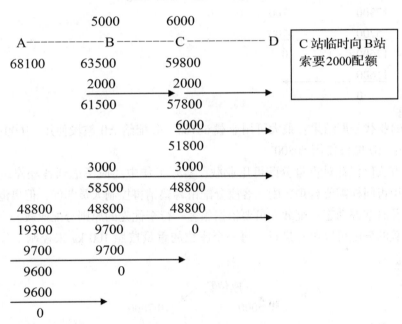

A 站的业载分配结果：最大可用业载 68100，分配给 AB 航段使用 9600；AC 航段使用 9700；AD 航段使用 48800。

3）经停站向前方经停站要求索让

经停站向前方经停站要求索让，其实是要求前方经停站将其固定配额让给它使用。索要固定配额的经停站先分别将本站最大可用业载减去索要的配额，再减去本站原有固定配额和需要通过本站的固定配额；让出固定配额的经停站减去现有固定配额和需要通过本站的固定配额；在各站所剩下的业载余额中选最小值即为通程业载。各站最大可用业载减去通程业载后的剩余业载再按远航段优先的原则继续分配。

例3：

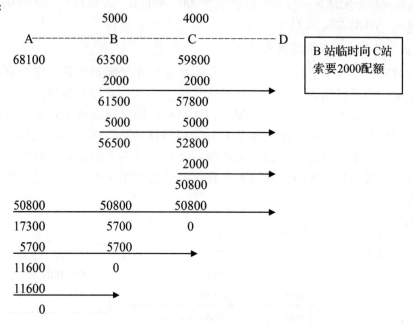

A 站的业载分配结果：最大可用业载 68100，分配给 AB 航段使用 11600；AC 航段使用 5700；AD 航段使用 50800。

以上方法仅仅针对重量分配可用业载，实际工作中还应考虑到各经停站客座的配额，客座销售同样需要合理分配。客座分配由客票销售控制人员掌握，但离港配载平衡人员也要及时掌握动态。配载人员要依据旅客、行李优先的原则分配业载。飞机座位的分配与业载的分配可以单独进行。每一个座位的重量按照 100 kg 来控制。分配方法与原理同上。

例4：

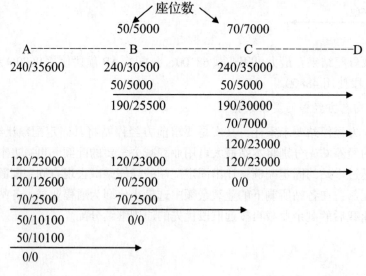

A 站的业载分配结果：最大可用业载 240/35600，分配给 AB 航段使用 50/10100；AC 航段使用 70/2500；AD 航段使用 120/23000。（其中，AC 航段的可用业载只有 2500，而有 70 座，每座按照 100 kg 计算应该至少占用 7000 kg 业载，是否会造成超载？该问题会在后面的预配中解决。）

如果经停站发生索让座位情况，分配方法与业载分配相同。

二、经停站的业载分配

经停站的业载分配与始发站不同，必须根据后方站的实际业载和本站及前方站固定配额来分配。

首先计算出该站的最大可用业载，然后从后方站的载重电报中获得过境业载，再计算出本站实际可用业载，最后分配本站可用业载至前方各站。分配的方法同前面始发站。

例如：

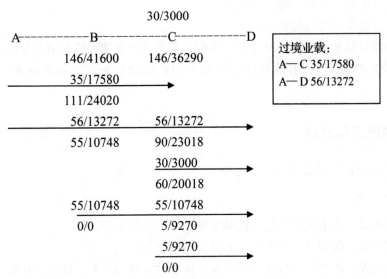

B 站的业载分配结果：最大可用业载 146/41600，过境业载占用 91/30852；BC 航段 0/0；BD 航段可使用 55/10748。

第三节　航班配载

配载是在计算出最大可用业载的基础上，合理分配各航段的允许载重，还需根据旅客人数和行李的估计数预留货物吨位，保证最大限度地利用业载。通过货运部门的预配货物安排舱位，并安排旅客座位，预配重心范围。

配载工作可以分为预配和结算两个过程，预配一般要求在航班离站 2 h 前完成；航班中途站的预配，注意要考虑到过境业载，充分利用后方站的剩余吨位，严格遵照"宁加勿拉"的原则，达到准确预配出港货的目的。基本规定是"先客、行后邮、货，先急后缓"。结算是在航班旅客、行李、货物、邮件的重量确定后，计算出本航班的实际业载，判断其是否超过最大可用业载来决定是否需要加（拉）货物，并调整飞机重心。

一、预配工作的程序

（1）了解执行航班飞机的各项数据，计算出最大可用业载；

（2）判断是否有经停站，如果有，分配各站可用业载；

（3）通过客票销售部门了解预售票情况，预计旅客人数；

（4）预算旅客、行李、邮件的重量；

（5）计算出货物的可配重量；

（6）根据订舱单，飞机货舱类型、容积、装载能力和货物库存情况预配待运货物。

（7）制作货邮舱单、出港货物交接单，准备航班业务袋，拍发业务电报、航班报告。

二、预配工作原则

1. 配载工作必须做到"三相符"

1）重量相符

（1）载重表、载重电报上的飞机基本重量与飞行任务相符；

（2）载重表、载重电报上的各项重量与舱单相符；

（3）预配表、装机单、拉货单等工作单据上的重量与舱单、载重表相符。

2）单据相符

装在随机业务袋内的各种运输文件与舱单相符。

3）装机相符

（1）出发、到达、过站的旅客人数与舱单、载重表相符；

（2）各种物件的装卸数量、重量与舱单、载重表相符；

（3）飞机上各个货舱的实际装载重量与载重表、平衡表相符。

2. 预配工作应该遵循"宁加勿拉"原则

保证旅客和行李的运输，照顾邮件，货物要留有余量（因为预配工作提前完成后，客票销售仍在进行中，一直到航班结载）。

3. 旅客、行李重量估算准确

国内航班：成人 72 kg/人　　　国际航班：成人 75 kg/人

儿童 36 kg/人　　　　　　　儿童 40 kg/人

婴儿 8 kg/人　　　　　　　　婴儿 10 kg/人

行李重量按每座 20 kg 预留。（可凭经验，如按国际国内航班、航线不同预留，如每座 10 kg。）

三、预配方法

始发站的预配包括直达航班的预配和有经停站航班的预配。

1. 直达航班的预配

1）散装型飞机

散装型飞机的配载不仅要考虑最大可用业载，还要考虑货舱地板的最大承受力（通常为 732 kg/m^2），每个货舱都有最大载量限制及货舱联合载量限制，同时还有容积的限制。因此，散装型飞机配载时要综合考虑飞机的最大可用业载、最大可配货邮载量、货舱载量限制及货舱容积。

例 1：B-2852（B757-200）执行 CZ5407/20SEP 上海至成都飞行任务，获得该飞机的相关数据：MTOW108862，MLDW95254，MZFW83460，DOW59893，TOF15030，TFW9130。通过客票销售系统获知：客票预售 F00Y91　89/02/00。

配载过程如下：

第一步，计算航班最大可用业载：

公式一：最大业载 = MTOW－DOW－TOF

= 108862－59893－15030

= 33939

公式二：最大业载 = MLDW－DOW－RFW

= 95254－59893－（15030－9130）

= 29461

公式三：最大业载 = MZFW－DOW

= 83460－59893

= 23567

选择 23567 为最大可用业载。

第二步，预计旅客重量、行李重量：

旅客 89×72+02×36 = 6480　　行李 91×20 = 1820

第三步，计算可配货邮重量：

可配货邮重量 = 最大可用业载－预计旅客、行李重量

= 23567－6480－1820 = 15267

第四步，根据货舱载量限制和容积限制确定合理可配货邮重量。

根据货舱载量限制表（见表 3-2），虽然本次航班的可配货邮重量为 15267 kg，但是 4 个货舱总共最大载量为 12 t 左右。依据预估行李，考虑到行李应单独占用一个货舱较为合理（行李靠舱门装载，货舱先装前舱后装后舱，先装货邮后装行李），所以选择 4 号货舱。因此预配货邮装载在 1、2、3 号货舱，重量不超过 8 t（12 t−4 t＝8 t，预配要留有余地），体积不超过 26 m³（前舱 19.8 m³＋3 号舱，3 号舱容积 13～14 m³；如果按照 80% 的容积利用率计算）比较合理。装载通知单如图 3.2 所示。订舱管理部门依照此数据决定接受订舱数量。

表 3-2　B757-200 货舱载量限制表

载量限制项目	前舱		后舱	
	1 舱	2 舱	3 舱	4 舱
最大载量（kg）	1227	3445	3395	3998
最大容积（m³）	19.8		30.9	
货舱门尺寸（cm）	137W×108H		137W×112H	
货舱地板最大负荷	732 kg/m²			

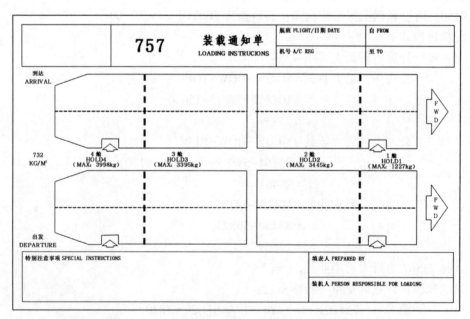

图 3.2　B757-200 装机单

第五步，根据订舱单和仓库待运货物，依据发运原则、货舱容积选择预配货物。假定本次航班的订舱单（Cargo Booking Advice，CBA）情况如表 3-3 所示。

表 3-3 航班订舱单

航班号	目的地	机型	注册号	时间	计费重量	品名	代理	备注
CZ5407	CTU	B757	B-2820	11:50	1000	机械电子	翔鹰航服	散装
					500	配件	凯龙物流	散装
					200	配件	宇宏货运	散装
					400	其他		33716701
					1848	其他		54354565
					1200	其他	飞豹	散装
					500	其他	上铁	散装
					300	其他	东帆	散装
					400	其他	利顺货运	散装
					200	其他	天骥	散装

依据 CBA 订舱情况，全部预定货量为 6548，如果体积不超过 26 m³，可以将全部已订舱货物配装。

2）集装型飞机

集装型飞机的配载不仅要考虑最大可用业载的限制，还要考虑货舱的集装器装载数量和种类限制以及货舱载量限制。

例 2：B-2306（A300-600R）执行 MU291/08OCT，SHA—NGO 飞行任务，MTOW170500，MLDW140000，MZFW130000，DOW92212，TOF10100，TFW7200。客票预售：F10Y215 220/05/00。

预配过程：

第一步，计算航班最大可用业载：

公式一：最大业载＝MTOW－DOW－TOF
＝170500－92212－10100
＝68188

公式二：最大业载＝MLDW－DOW－RFW
＝140000－92212－（10100－7200）
＝44888

公式三：最大业载＝MZFW－DOW
＝130000－92212
＝37788

最大可用业载：37788。

第二步，预计旅客重量、行李重量：
220×75＋5×40＋225×20＝21200

第三步，计算可配货邮重量

37788-21200=16588

第四步，根据货舱确定可以装载的集装器数量和散货量。

货舱集装器布局：4板10箱或2板16箱或22箱。见图3.3和图3.4。

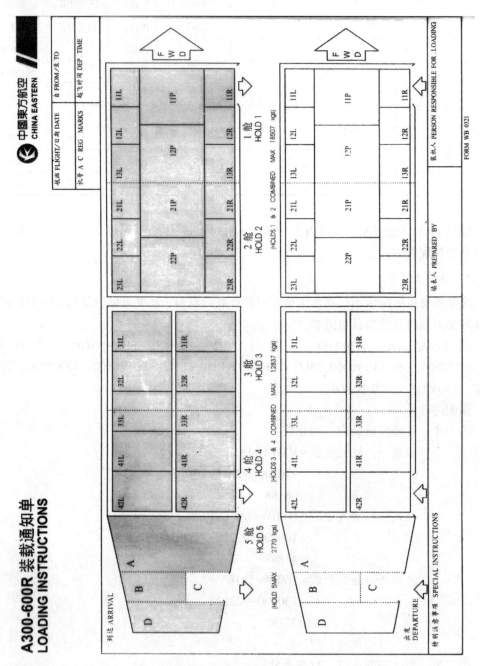

图3.3　A300-600R 装机单

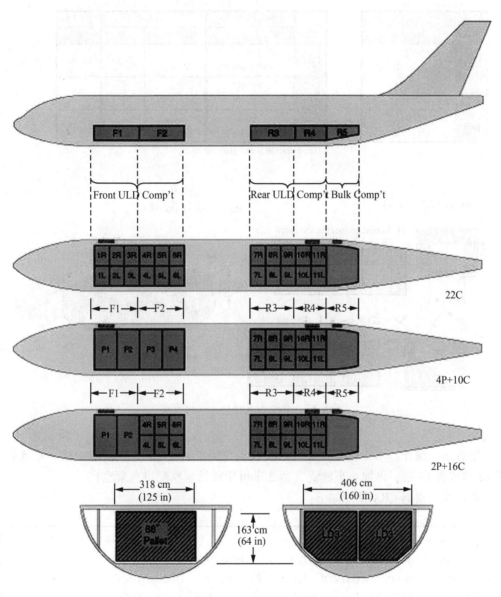

图 3.4　A300-600R 货舱集装器装载组合

散货舱：尾舱容积 15.6 m³，按 80% 利用率可以装 4 车散货（每车 3.5~4 m³，1 车相当于一个 LD3 型集装箱）。见图 3.5。

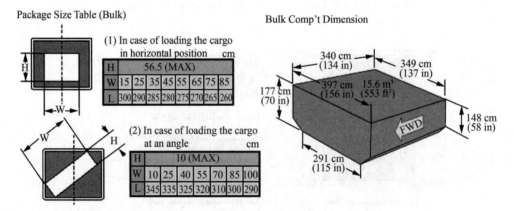

Cargo Door Dimension

	Width×Height cm(in)
Front	270×178 (106×70)
Rear	181×175 (72×69)
Bulk	95×95 (37×37)

Load Capacity and Temperature of Cargo Comp't

	Load Capacity	Temperature		
	kg (lb)	Switch	℃	°F
Front	18506 (40800)	Auto Manual	2~30	35~86
Rear	12836 (28300)	—	—	—
Bulk	2494 (5510)	Auto Manual	5~26	41~79

*Temperature is not guaranteed.

Package Size Table (Bulk)

(1) In case of loading the cargo in horizontal position   cm

H	56.5 (MAX)							
W	15	25	35	45	55	65	75	85
L	300	290	285	280	275	270	265	260

(2) In case of loading the cargo at an angle   cm

H	10 (MAX)						
W	10	25	40	55	70	85	100
L	345	335	325	320	310	300	290

Bulk Comp't Dimension

340 cm (134 in)
349 cm (137 in)
397 cm (156 in)
15.6 m³ (553 ft³)
177 cm (70 in)
148 cm (58 in)
291 cm (115 in)
FWD

图 3.5　A300-600R 散货舱装载限制

第五步，预计行李装载 4 箱（按照航线经验预留），所以货邮预配 4 板 6 箱或者 2 板 12 箱或者 18 箱，再加 2 车散货（留 2 车可用载量为预配留有余地）。

第六步，根据 CBA 预配如下：

```
PT.2010-10-08 11:53:40      VO.3
MU291/2010-10-08      AB6    PVG-NGO    1810    PAX:225
NO    PRE AWB NO PCS/WGT/VOL    ULD    REMARK SPC    DEC    AGENT    REMARK
2413260      475/5300/24    8C              PES    NGO    TNG      A
2402796      856/8500/24    2L4C                   NGO    SFC      B1
2405114      46/1060/7      2C                     NGO    SKI      B1


TTL          1377/14860/55    2L14C
ALL TTL      1377/14860/55
```

CBA 订舱货邮有 2 低板 14 箱，实际可配装 2 板 12 箱，可以将 CBA 中的 2 个集装箱货物翻成车装入尾舱散货舱中。全部配装重量 14860 kg，没有超过可配货邮重量，所以可以将 CBA 货物全部配装该航班。

2. 有经停站航班的预配

有经停站航班的配载区别于直达航班配载的地方是需要合理分配不同航段的业载，充分考虑到经停站的固定配额，避免占用经停站配额使经停站造成超载。同时还应该考虑到不同航段业载在货舱装载时的限制要求，严格遵循以下货舱装载原则：先装前舱，后装后舱；先装货邮，后装行李；货邮装里，行李装外；远程业载装里，近程业载装外。

1）散装型飞机

例 1：B737-800 （B-2636）执 行 MU5403/20SEP，SHA—CKG—KMG 任 务，MTOW75976，MLDW65317，MZFW61688，DOW38506。

TOF：SHA9800　　CKG10100

TFW：　5600　　　　6200

固定配额 CKG：80 座

预售票：SHA—CKG F02Y60 62/00/00

　　　　SHA—KMG 　F03Y82 85/00/00

配载过程：

第一步，计算各站最大可用业载。

SHA：公式（1）75976−38506−9800＝27670

　　　公式（2）65317−38506−（9800−5600）＝22611

　　　公式（3）61688−38506＝23182

　　　最大可用业载：22611

CKG：公式（1）75976−38506−10100＝27370

　　　公式（2）65317−38506−（10100−6200）＝22911

　　　公式（3）61688−38506＝23182

　　　最大可用业载：22911

第二步，分配航段可用业载。

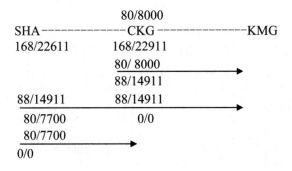

第三步，计算各航段可配货邮重量，如表 3-4 所示。

表 3-4　预配表

航段	可用业载	预计客	预计行	可配货邮	合计
SHA—CKG	80/7700	62/4464	1240	1996	7700
SHA—KMG	88/14911	85/6120	1700	7091	14911
合计	168/22611	147/10584	2940	9087	22611

第四步，根据货舱载量和容积限制确定合理的可配货邮重量，如图 3.6 所示。

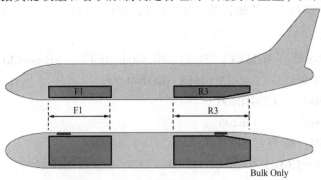

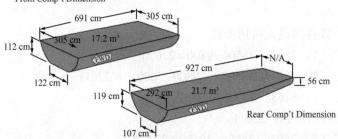

Cargo Door Dimension

	Width×Height cm
Front	122×89
Rear	122×84

Load Capacity and Temperature of Cargo Comp't

	Load Capacity	Temperature		
	kg	Switch	℃	℉
Front	3305	—	4.4~	40~
Rear	3958	—	0~	32~

*Temperature is not guaranteed.

Package Size Table (Bulk) cm

H								
86	327	302	251	200	175	152	137	
76	330	302	251	200	175	152	137	
66	330	302	251	200	175	152	137	
55	335	302	251	200	175	152	137	
45	340	304	251	200	175	152	137	
35	347	307	251	200	175	152	137	
25	363	314	251	200	175	152	137	
12	401	332	251	200	175	152	137	
L	12	25	50	76	88	101	114	
	W							

Package Size Table (Rear) cm

H								
86	350	320	266	215	190	165	147	
76	353	320	266	215	190	165	147	
66	358	320	266	215	190	165	147	
55	363	325	266	215	190	165	147	
45	373	327	266	215	190	165	147	
35	391	335	266	215	190	165	147	
25	416	350	269	215	190	165	147	
12	487	388	278	215	190	165	147	
L	12	25	50	76	88	101	114	
	W							

图 3.6　B737-800 货舱装载限制

根据货舱载量限制，前舱 3305 kg，后舱 3958 kg，总共可装 7 t 左右。考虑到行李装载需要占用一个货舱，选择前舱载货，所以货邮载量限制为 3 t 较为合理。

第五步，根据订舱单和待运货物情况合理选择备装货物，如表 3-5 所示。

表 3-5　航班订舱单

航班号	目的地	机型	飞机号	时间	计费重量	品名	板	箱	代理	备注
MU5403	KMG	B738	B-2636		120	零件				1051545
					500	配件				3453466
					320	配件				2346722
					400	药品				8455225
					800	其他		1C	PES	
					500	其他		1C	BRF	
	CKG	B738	B-2636		680	其他		1C	TDK	

依据 CBA 订舱情况，SHA—KMG 预订货共 2640，优先预配（远航段优先原则）。SHA—CKG 预订货 680 不可以预配。

例 2：MD90 执行

```
                    50/5000      30/3000
      A-----------B-----------C---------D
   146/34000   146/31600   146/36290
```

预售票：A—B 36/00/00

　　　　A—C 35/00/00

　　　　A—D 51/00/00

分配航段业载：

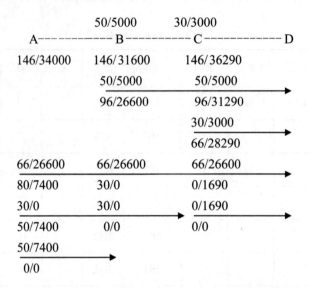

表 3-6 中 A—C 航段的可用业载为 0，航段缺载 3220 是客、行业载，应由远航段可配货邮业载优先给予满足，所以由 A—D 航段的可配货邮中弥补解决。

表 3-6 预配表

航段	可用业载	预计客	预计行	可配货邮	合计
A—B	50/7400	36/2592	720	4088	7400
A—C	30/0	35/2520	700	−3220/0	3220
A—D	66/26600	51/3672	1020	21908/18688	23380
合计	146/34000	122/8784	2440	22776	34000

MD90 货舱装载限制如图 3.7 所示。

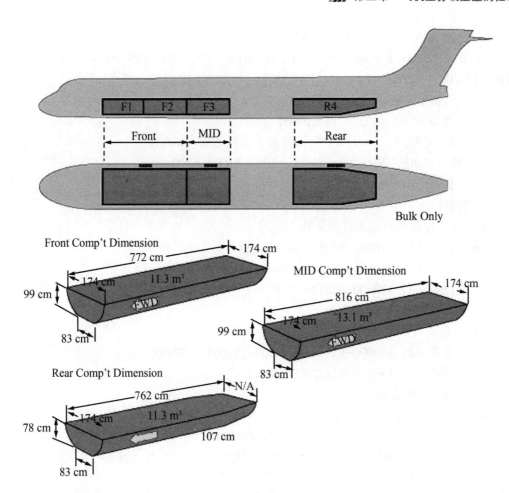

图 3.7　MD90 货舱装载限制

根据货舱限制载量最大为 9 t，考虑行李的载量和装载占用货舱，货邮的最大载量应为 6 t 左右。如果经停站没有货邮配额，依据远程业载优先配载原则优先预配 A—D 航段的货邮。如果 A—D 航段预配不足，该航段可用业载可以让给较近航段使用。

2）集装型飞机

有经停站航班的集装型飞机的配载除了需要将最大可用业载分配到各航段，还要考虑经停站的货邮配额占用的集装器数量。

例如：B-2306（A300-600R）执行 MU271/14APR，BJS—SHA—NRT 任务，MTOW170500，MLDW140000，MZFW130000，DOW92212。

BJS：TOF10100　　　　TFW7200

SHA：TOF20000　　　　TFW10100

SHA 站固定配额：　　100 座　　货舱 2 低板 2 箱（8000）

预售票：　　BJS—SHA 110/00/00　　BJS—NRT 116/00/00

（客货舱布局：客舱 F24Y250　货舱 4 板 10 箱）

配载过程：

第一步，计算各站最大可用业载。

BJS：公式（1）170500−92212−10100＝68188

　　　公式（2）140000−92212−（10100−7200）＝44888

　　　公式（3）130000−92212＝37788

　　　最大可用业载：37788

SHA：公式（1）170500−92212−20000＝58288

　　　公式（2）140000−92212−（20000−10100）＝37888

　　　公式（3）130000−92212＝37788

　　　最大可用业载：37788

第二步，分配航段可用业载。

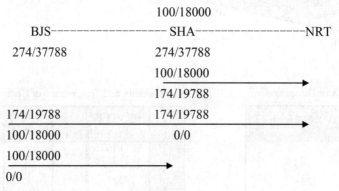

第三步，计算各航段可配货重量，如表 3-7 所示。

表 3-7　预配表

航段	可用业载	预计客	预计行	可配货邮	合计
BJS—SHA	100/18000	110/8250	2200	7550	18000
BJS—NRT	174/19788	116/8700	2320	8768	19788
合计	274/37788	226/16950	4520	16318	37788

　　虽然 BJS—SHA 航段客座预售 110 超过 100 的航段可用业载，但 BJS—NRT 航段预售 116 没有超过 174 的航段可用业载，所以可以将远航段座位让给近航段使用。BJS—NRT 实际可用座位数现在应为 164，不会造成 SHA 站超售。

　　第四步，确定各航段可配集装器数量。A300-600R 货舱集装器装载组合如图 3.8 所示。

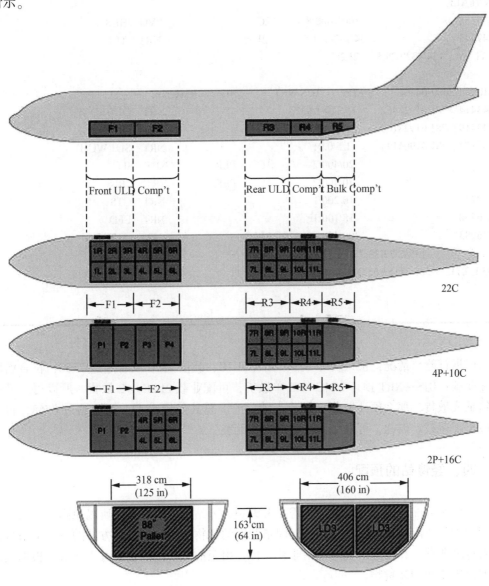

图 3.8　A300-600R 货舱集装器装载组合

　　依据货舱的布局，可以配装 4L10C+4C（BULK）或 2L16C+4C（BULK）或 22C+4C（BULK）。按照经验估计行李预装 6C、SHA 配额 2L2C，所以 BJS—SHA 可以预配 2L2C 或 8C。BJS—NRT 可以预配 2L2C 或者 8C+4C（BULK）。

第五步，根据 CBA 预配如下：

```
PT.2009-04-14 11:12:17      VO.5
MU271/2009-04-14      AB6    BJS-PVG      1705      PAX:110
W/H ALL
847388                  100/1600/8      2C              PVG   HEX
847443                  34/2720/21.5    2L              NRT   TCI
TTL        134/4320/29.5   2L2C

MU271/2009-04-14      AB6    BJS-NRT      2105      PAX:116
843414   781 61928462    15/310/1.9375              NRT   OFF(FOC)
843419   781 61928160    51/918/5.7375              NRT   OFF(FOC)
847174   781 47904194    1/5/0.01                   NRT   SUJ(WUH)
                        20/400/2     1C    PER       NRT   SFC
                        20/400/2     1C    PER       NRT   CRN
847271                  10/200/1                     NRT   CTS
846760                  18/100/1                     NRT   EFD
846983                  300/4500/20   2L2C           NRT   SWF
TTL        435/6833/33.7   2L4C
ALL TTL    569/11153/63.2  4L6C
```

根据订舱单情况，预订货邮 BJS—SHA 2L2C、载量 4320 没有超过 7550，符合航段可配业载；BJS—NRT 预订 2L4C 加 5 单散货，可配业载 2L2C+4C 散货，所以可将其中两箱翻成散货，那么预计散货可以装入散货舱，总共载量 6833，没有超过 8768，符合航段可配业载。因此，可以将预订货邮全部配装。

四、经停站的预配

经停站的配载由于时间紧，且需要考虑到后方站的过境业载，所以原则上只需要按照固定配额预配。经停站预先准备好固定配额的货物业载，根据后方站的载重电报得知所有过境业载，算出本站实际可用业载，再算出至前方各站的航段可用业载，根据具体情况决定是否加装货物。

例如：   30／3000
　　A--------------B--------------C--------------D
                146/41600   146/36290
过境业载：A—C 35/17580   A—D 56/13272

预售票：　　B—C 22/00/00　　　　B—D 25/00/00

预配过程：

第一步，分配航段业载。

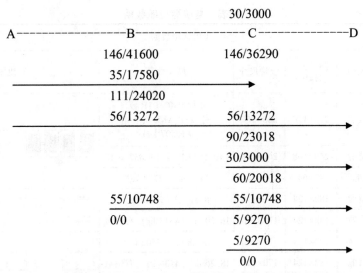

第二步，预配表，如表3-8所示。

表 3-8　预配表

航段	可用业载	预计客	预计行	预计邮	可配货	合计
B—C	0/0	22/1584	440	50	−2074/0	2074
B—D	55/10748	25/1800	500	50	8398/6324	8674
过境	91/30852	91/6552	—	—	—	30852
合计	146/41600	138/9936	—	—	6324	41600

　　第三步，中途站预先按配额准备货物，根据实际情况如果有可利用舱位再决定是否加装货物。

本章附录

附表 各机型货舱数据

飞机货舱数据

机型	货舱门	尺寸 cm (H×W)	收货尺寸	最大载量	装机图
A300-600	前货舱	270×170	260×160	4 块 PMC/P1P 板 或 12 个 AKE 集装箱 （18507 kg）	
	后货舱	270×168	260×158	10 个 AKE 箱 （12837 kg）	
	散舱	95×64	85×54	14.7 m³ （2770 kg）	
A319	前货舱	182×124	170×110	8.51 m³ （2268 kg）	
	后货舱	182×124	170×110	16.20 m³ （4518 kg） 有供氧	
A320	前货舱	182×124	170×110	13.28 m³ （3402 kg）	
	后货舱	182×124	170×110	18.26 m³ （4536 kg） 有供氧	
	散舱	95×77	85×67	5.88 m³ （1497 kg） 有供氧	
A321	前货舱	182×124	170×110	17.50 m³ （5670 kg）	
	后货舱	182×124	170×110	17.50 m³ （5670 kg） 有供氧	
	散舱	94×86	85×75	14.7 m³ （1497 kg） 有供氧	
A330-200	前货舱	270×170	270×160	2PMC/P1P+8AKE 或 4PMC/P1P （18870 kg）	
	后货舱	270×168	270×158	2PMC/P1P+6AKE 或 3PMC/P1P+2AKE （15240 kg）	
	散舱	95×62	85×52	19.70 m³ （3465 kg）	
A330-300	前货舱	270×170	270×160	6PMC/P1P 或 18 个 AKE 集装箱 （22861 kg）	
	后货舱	270×168	270×158	5PMC/P1P 或 14 个 AKE 集装箱 （18507 kg）	
	散舱	95×62	85×52	19.70 m³ （3488 kg）	
A340-300 /313	前货舱	270×169	260×159	6PMC/P1P 或 18 个 AKE 集装箱 （22861 kg）	
	后货舱	270×169	260×159	4PMC/P1P （32 位必须是 P1P 小板） 或 14 个 AKE 集装箱 （17957 kg）	
	散舱	95×62	95×50	18.90 m³ （3468 kg）	

续表

机型	货舱门	尺寸 cm（H×W）	收货尺寸	最大载量	装机图
A340-600	前货舱	270×169	260×159	8PMC/P1P 或 24 个 AKE 集装箱 6PMC/P1P 或 18 个 AKE 集装箱 前后货舱最大载重（25400 kg）	
	后货舱	270×169	260×159		
B737-300	前货舱	121×86	111×76	14.10 m³（2269 kg）无供氧	
	后货舱	117×88	107×78	20.60 m³（3462 kg）无供氧	
B737-800	前货舱	122×89	112×79	19.60 m³（3558 kg）无供氧	
	后货舱	122×89	112×79	25.40 m³（2926 kg）无供氧	Bulk Only
B747-400F	主货舱前门	264×249	254×239	21H8M PMC/P1P（51661 kg）	
	主货舱侧门	340×305	330×295		
	前下货舱	264×168	254×158	5PMC/P1P 或 18LD3（25400 kg）	
	后下货舱	264×168	254×158	5PMC/P1P 或 16LD3（25400 kg）	
	散舱	119×112	109×102	14.70 m³	
B767-200	前货舱	178×170	168×160	3PMC/P1P 或 12LD2（9797 kg）	
	后货舱	178×170	168×160	5LD3 或 10LD2（8765 kg）	
	散舱	96×110	86×100	17 m³（2926 kg）	
B767-300	前货舱	340×170	330×160	4P6P/P1P 或 16LD2（19595 kg）	
	后货舱	178×170	168×160	7LD3 或 14LD2（13090 kg）	
	散舱	96×110	86×100	12.2 m³（2926 kg）	
B777-200	前货舱	270×170	260×160	6PMC/P1P 或 18AKE（30617 kg）	
	后货舱	270×170	260×160	4PMC/P1P 或 14AKE（22226 kg）	
	散舱	91×115	105×81	17 m³（4082 kg）	

续表

机型	货舱门	尺寸 cm (H×W)	收货尺寸	最大载量	装机图
B777-300	前货舱	270×170	260×160	8PMC/P1P 或 24AKE (P1P：4676×7+6939 kg)	
	后货舱	270×170	260×160	6PMC/P1P 或 20AKE (AKE：2336×2+1587×2×9 kg)	
	散舱	91×115	105×81	17 m³ (4082 kg)	
MD-11	主货舱侧门	356×259	346×249	23 m³L PMC/P1P	
	前下货舱	264×168	254×158	6PMC/P1P 或 18LD3 (25400 kg)	
	后下货舱	178×168	168×158	14LD3 (15876 kg)	
	散舱	91×76	81×66	14.44 m³ (3402 kg)	
ABF	主货舱侧门	340×259	330×249	12PMC/P1P (其中，M 板和 P 板限高 1.6 m，R 板限高 1.4 m)	
	前下货舱	270×170	260×160	4PMC/P1P 或 12LD3 (18507 kg)	
	后下货舱	270×170	260×160	10LD3 (12837 kg)	
	散舱	95×64	85×54	14.70 m³ (2770 kg)	

思考题

1. 什么叫飞机的业载？什么叫飞机的最大可用业载？

2. 计算最大可用业载需要哪些数据？各自的代号是什么？

3. 什么是飞机的三大性能数据？影响三大性能数据的因素各是哪些？

4. 飞机的基本重量由哪些重量组成？基重的修正主要针对哪些项目？

5. 操作重量与基本重量的区别是什么？

6. 起飞油量的组成有哪些部分？起飞油量与加油量的关系是什么？

7. 备用油量的确定方法是什么？

8. A330-300（B-6119）执行 SHA—HKG 航班飞行任务，MZFW175000、MLDW187000、MTOW233000、DOW125672、TOF19800、TFW11500，请计算该航班的最大可用业载。

9. A320（B-2201）执行 TAO—SHA 飞行任务，DOW43918、MTOW73500、MLDW64500、MZFW61000、TOF7500、TFW3000，请计算本次航班的最大可用业载。

10. 什么是固定配额？什么是通程业载？

11. B-2502 执 行 SHE—BJS—SHA—SZX 任 务，MTOW56463、MLDW48526、MZFW43083、DOW28799，

TOF：SHE8200、BJS9500、SHA7500

TFW：SHE3900、BJS4000、SHA 4100

固定配额：BJS6000　　SHA3000

请将 SHE 站的最大可用业载合理分配。

12.　　　　　　8000　　　　　　5000

A---------B---------C---------D

MTOW138600、MLDW121500、MZFW111500、DOW80082，

TOF：A28000　　　　B32000　　　　C26500

TFW：A12000　　　　B9000　　　　C9000

现在 C 向 A 索要 2000，C 向 B 索要 1000 至 D，请将 A 站最大可用业载合理分配。

13.　　　　　　100/15000　　　60/8000

A---------B---------C---------D

228/39418　　228/36518　　228/41418

B 站向 A 站索要 30 座，C 站向 A 站索要 1000，请将 A 站可用业载合理分配。

14. 什么是配载工作的"三相符"原则？

15. 预配工作时，旅客重量如何折算？行李重量如何估算？

16. A320-232（B-6560）执 行 MU5002，SHA—CAN 任 务，MTOW73500、MLDW64500、MZFW61000、DOW43715、TOF9400、TFW5500，客票销售情况：F3Y100 103/00/00。

货舱参数表

全散舱	位置	限重 单位：kg	体积 单位：m³	是否可以 装载活体动物
1 舱	前舱（Door）	3402	13.28	否
3 舱	后舱	2426	9.76	是
4 舱	后舱（Door）	2110	8.50	是
5 舱	尾舱	1497	5.88	是

请根据下面 CBA 配载。

CBA 航班订舱单

航班号	目的地	机型	注册号	计费重量	品名	板	箱	代理	备注
MU5002	CAN	A320	B-6560	800	机械电子			飞云	1 车/4 m³
				500	配件			凯龙	1 车/3.5 m³
				200	配件			宇宏货运	散装/2.5 m³
				600	电器			33672246	散装/2 m³
				848	其他			54354565	1 车/3 m³
				300	邮件				1 车/1.5 m³

17. B767-200（B-2554）执行 CA1306/04FEB，SZX—PEK 航班任务，DOW83584、MTOW156489、MLDW126098、MZFW114758、TOF20000、TFW14000，预售客票：F08Y160 167/01/00。

请根据题目中的数据及下面数据给该航班预配。

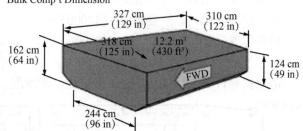

Bulk Comp't Dimension

	Load Capacity kg (lb)
Front	(F1) 7348 (16200)
	(F2) 7348 (16200)
Rear	(R3) 7348 (16200)
	(R4) 4899 (10800)
Bulk	2925 (6450)

CAB 如下图所示。

```
PT.2010-02-04 11:53:40      VO.3

CA1306/2010-02-04        762    SZX-PEK    1810    PAX:168

NO    PRE AWB NO PCS/WGT/VOL    ULD ULD REMARK SPC    DEC   AGENT   REMARK

2413260          47/2300/12    4C                    PEK   TNG      A

2402796         156/3500/14    3L2C                  PEK   SFC      B1

2405114          46/1060/3     1C                    PEK   SKI      B1


TTL             249/6860/33    3L7C

ALL TTL         249/6860/33
```

18. A321（B-2290）F12Y173 执行 MU5604/XX，DOW49966、MTOW93000、MLDW77800、MZFW73800。

TOF：PVG9800   SHE7900

TFW：PVG5500   SHE4500

SHE 固定配额 80 座，货舱 1000

预售票：PVG—SHE   F10Y107   117/00/05

PVG—HRB   F00Y60   60/00/00

货舱载量限制：

Forward hold	5670 Kgs/22.8 cu
Centre hold	4381 Kgs/17.77 cu
Rear hold	1497 Kgs/5.88 cu

订舱情况：

PVG—SHE：1 车 1200 kg   邮件 600 kg

PVG—HRB：1 车 1000 kg，1 车 1100 kg

根据以上内容预配。

19. A330-300（B-6120）执行 MU701，SHA—HKG—TPE，MTOW233000 MLDW187000、MZFW175000、DOW125372（C38Y262）。

TOF：SHA19800   HKG10000

TFW：SHA11500　　　HKG5000

固定配额：100 座　　货舱 4L（12000）

预售客票：SHA—HKG　102/00/00

　　　　　SHA—TPE　169/00/00

请根据题目中的数据及下面数据给该航班预配。

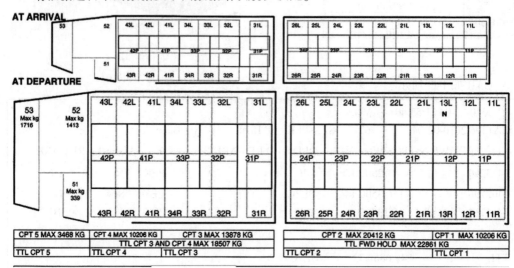

CAB 如下图所示。

PT.2009-04-14 21:36:04 　　　VO.8

MU701/2009-04-15 　　　333　　PVG-HKG　　0900　　PAX:271

NO PREAWB	NO PCS/WGT/VOL	ULD	ULD	REMARK	SPC	DEC	AGENT	REMARK
W/H: CK263/15APR	OFFLD CGO		TCI/2L		UGT			
MAIL:		3C						
842992	2/2000/13	1L1C			EXP	HKG	DHL	
848919	100/1500/9	3C				HKG	DZF	
849203	31/500/3	1C				HKG	NTS	
848735	781 62567864 30/1300/8	1L			EXP	TPE	OIT	
849899	781 62622943 200/3000/18	1L3C			EXP	TPE	QYT	
850002	50/500/3	1C				TPE	SZT	
849809	166/2355/24	2L1C				HKG	TCI	
850112	8/2200/10.58	2L				HKG	EAS	
849306	37/600/2	1C				HKG	SXY	
TTL	579/11155/78	9L10C						
ALL TTL	579/11155/78	9L10C						

第四章　飞机的重心与平衡

　　飞机的运行控制仅仅保证重量不超过最大允许值还不够，还必须保证飞机的重心在任何时刻不超出允许的范围。对每种机型都要根据操纵性、稳定性的要求及飞机结构限制确定一个允许的重心范围，因此必须正确安排旅客及货物的位置，以便保证在起降及飞行中任何时刻飞机重心不超出允许范围。此外，还必须正确地配平（Trim）。超过重量限制或重心限制可能会危及安全，例如，可能造成起飞时飞机擦尾、结构损伤、气动不稳定性、地面不稳定性（飞机倾覆）、旅客上机下机不安全、耗油增加、结构疲劳寿命缩短、损伤跑道等。配平不正确会危及起飞时的安全，因为安定面配平的结果会影响驾驶杆的杆力，正确的配平抬前轮时会产生可接受的杆力，不正确的配平可能导致起飞时擦尾，或过早（如杆力太轻）或过晚（如杆力太重）的抬前轮。抬前轮过早可能导致俯仰角过大、爬升梯度减少，甚至失速；抬前轮过晚会使起飞距离变长，到障碍物的距离缩短。在受近距离障碍物限制时，抬前轮过早或过晚都可能导致受控飞行撞地（Controlled Flight Into Terrain，CFIT）。

　　飞机的平衡与飞机重心位置关系密切，载重平衡工作最终目的就是要确定飞机的合理重心位置，指导飞行员调整飞行参数，从而安全准确操纵飞机，顺利完成飞行任务。本章着重介绍飞机的重心、飞机的平衡、稳定性与操纵性等相关问题。

第一节　飞机的重心表示方法

　　物体的平衡与其重心位置密切相关。对飞机平衡的研究也必然离不开对飞机重心的探讨。地球对物体的吸引力，称之为重力。即，物体各部分重力之和构成物体的重力，重力的着力点就是重心。重心具有唯一性。

　　重心是一个物理学的概念，是为了方便人们对物体的研究，而假设的一个只有质量而没有体积的点。这个点（重心）通过科学验证，是能够反映物体物理性质的。确定重心的力学原理是合力矩定理：一个力系的合力对任一点之矩等于各分力对同一点的力矩之和。对于空间力系，力矩是矢量；对于平面力系，力矩可用标量表示。就确定飞机重心的情况而言，力矩是平面力系，而且是平行力系。确定飞机重心的情况可简化为如图 4.1 所示的示意图。

例如：设如图 4.1 所示的系统由板子及三个重物组成，其重量分别为 W_E、W_F、W_C、W_P，试确定这个系统的重心。这个例子中的板子重量 W_E 相当于飞机的基本重量，W_P 为旅客重量，W_F 相当于起飞油量，W_C 相当于货物重量，整个系统的重心相当于飞机的重心。

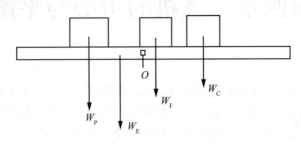

图 4.1　飞机重心示意图

可取任一点 O 作为矩心（O 点可在板子以外），规定抬头力矩（顺时针）为正，低头力矩（逆时针力矩）为负，此系统的合力（相当于飞机总重）：$W = W_E + W_P + W_F + W_C = \sum W$，按合力矩定理有：

$$W \times X = W_E \times L_E + W_P \times L_P + W_F \times L_F + W_C \times L_C$$

式中：X、L_E、L_P、L_F、L_C 分别为各力对矩心 O 点之力臂，在 O 点之后的力臂为正，由上式算出的 X 即重心到 O 之力臂。这样就确定了力系之合力（即飞机之重心）位置。

因为有了重心这个物理学概念，人们就可以将对具有一定体积和形状物体的物理性质（如，运动状态）的研究，转而变成对一个点（重心）的研究，进而极大地简化和方便了研究工作。

飞机的重力即为飞机各部件（机身、机翼、尾翼、发动机等）、燃油、货物、旅客、机组等部分重力之和。飞机重力着力点就是飞机的重心，飞机在空中的转动都是围绕飞机重心进行的，飞机的机体坐标轴也是以飞机重心为坐标原点建立的，因此飞机的重心位置对飞机至关重要。

由于重心具有唯一性，所以，当飞机重量一旦确定，重心位置必将固定不变。对于这一重心位置可以有多种表示方法，比如，以重心与飞机头部或尾翼的距离作为重心位置的表示等。

通常我们是以重心到某一特定翼弦的相对位置作为飞机重心位置的表示方法。这里提到的特定翼弦就是平均空气动力弦（MAC）或标准平均翼弦（SMC）。

平均空气动力弦（MAC）是一个假想的矩形机翼的翼弦，该矩形机翼的机翼面积、空气动力特性以及俯仰力矩等都与原飞机机翼相同。

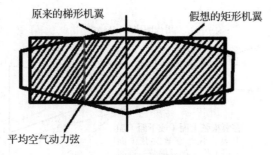

图 4.2　平均空气动力弦

标准平均翼弦（SMC）是翼根弦和翼尖弦的几何平均弦。如图 4.3 所示。

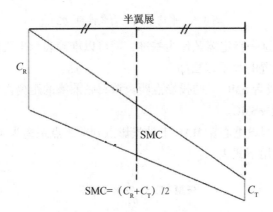

图 4.3　标准平均翼弦计算

一架飞机的平均空气动力弦（MAC）的位置和长度，可以按照下面方法获得，如图 4.4、图 4.5 所示。

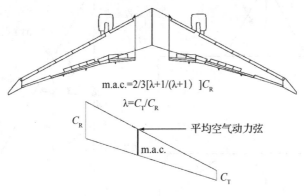

图 4.4　平均空气动力弦计算（1）

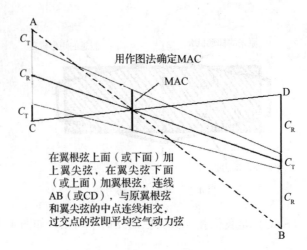

图 4.5　平均空气动力弦计算（2）

有了 MAC 或者 SMC 这一特定翼弦作为基准，就可以准确表示出飞机重心的相对位置。

飞机重心相对位置的表示方法如下：

用重心在 MAC 或者 SMC 上的投影点距离该翼弦前缘的距离占该弦的长度的百分比来表示，即%MAC 或%SMC。

如图 4.6 所示，假设重心在 MAC 上的投影点到前缘点距离为 X_T ，MAC 弦长为 b_A ，则重心相对位置可以用下式表示：

$$\%MAC = \frac{X_T}{b_A} \times 100\%$$

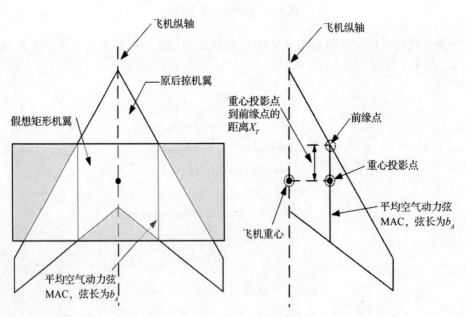

图 4.6　重心位置表示方法

通过上面的公式可以发现：b_A 相对不变，当飞机重心向后移动时，则 X_T 变大，%MAC也随之变大。由此可见，飞机重心相对位置%MAC 的数值越大，重心位置越靠后。

第二节　飞机的平衡

一、飞机的平衡问题和条件

在人们日常生活中，经常会遇到平衡问题，比如在用秤称东西时，当秤钩上重量变化了，秤砣就要做相应的位置移动，以达到平衡。

那么什么是平衡呢？从物理学角度来看，平衡需要有两个必备条件：

（1）作用于物体上的各力之和为零；

（2）各力对物体重心所构成的各力矩的代数和为零。

飞机在飞行过程中，同样要面对平衡问题。飞机处于平衡状态时，飞机速度大小和方向都保持不变，不绕飞机重心转动。反之，如果飞机处于不平衡状态时，飞机的速度大小和方向都将发生变化，并围绕飞机重心转动。

下面我们分析一下飞机在飞行过程中的受力情况。如图 4.7 所示。

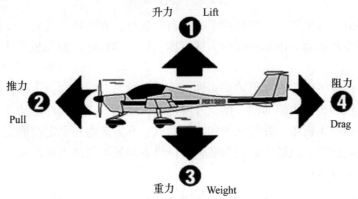

图 4.7　飞机受力分析

飞机在空中水平飞行时，会遇到空气阻力④，为保持飞机在一定速度下飞行，就必须有足够的发动机推力或拉力②来克服阻力④。另外，飞机要保持一定的高度，必须要求产生足够大的升力①用来平衡飞机的全部重量③，才能保证飞机平衡。

二、飞机的三大平衡

飞机的平衡直接受到各部分作用力的影响，如空气对飞机的作用力、飞机的业务载量等等。当这些作用于飞机各部分的力不通过飞机的重心时，这些力就会对飞机重心构成力矩，使飞机转动。

1. 飞机转动轴

对于在空中飞行的飞机运动姿态的描述和研究，我们通常是将复杂的运动姿态进行投影，以达到简化和方便研究的目的。为了便于研究飞机的运动，应先在飞机上建立一个三维坐标系统，该坐标系坐标原点设定在飞机重心位置，如图4.8所示。该坐标系三个坐标轴的方向设定符合右手坐标系原则。

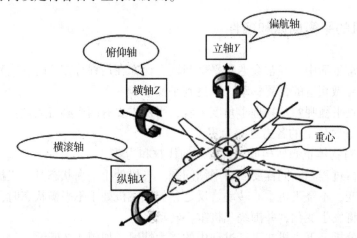

图 4.8　飞机转动轴

纵轴——通过飞机重心，与翼弦平行并贯穿机身，方向指向机头，飞机绕纵轴的运动称为横滚或滚转运动，该轴也被称为横滚轴。操纵副翼可以使飞机产生横滚（滚转）运动。

横轴——通过飞机重心和纵轴垂直伸向两翼的轴，方向向右，飞机绕横轴的运动称为俯仰运动，该轴也称为俯仰轴。操纵升降舵可以使飞机产生俯仰运动。

立轴——通过飞机重心并与纵轴和横轴垂直，其方向由右手定则确定，飞机绕立轴的运动称为偏航运动，该轴也称为偏航轴。操纵方向舵可以使飞机产生偏航运动。

2. 飞机的平衡

飞机飞行中的任意运动姿态都可以投影到这三个轴上，将其转换成一定的横滚运动、俯仰运动和偏航运动的组合，达到简化和准确描述的目的。

从机体坐标系角度出发，我们将飞机的力矩分为三种，即俯仰力矩、滚转力矩、偏转力矩。（注意：力矩=力×力臂）

俯仰力矩是引起飞机围绕俯仰轴产生上仰或下俯运动趋势的力矩。

滚转力矩是引起飞机围绕横滚轴产生向左或向右倾斜趋势的力矩。

偏航力矩是引起飞机围绕立轴产生向左或向右转向趋势的力矩。

由于力矩有三种，所以围绕着这三种力矩就有了三种平衡：俯仰平衡、横侧平衡和方向平衡。只有当这三个方面都平衡了，飞机才处于平衡状态。

1）飞机的俯仰平衡

飞机的俯仰平衡是指飞机做等速直线运动，并且不绕横轴转动的飞行状态。俯仰平衡和飞机的俯仰力矩密切相关，只有当作用于飞机的各俯仰力矩代数和为零时，飞机才不绕横轴转动，迎角保持不变，这时才能实现飞机的俯仰平衡。

飞机俯仰平衡的力矩主要有：机翼产生的俯仰力矩、水平尾翼产生的俯仰力矩和推力（或拉力）产生的俯仰力矩。机翼产生的俯仰力矩的大小最终取决于飞机的重心位置、迎角和飞机结构。一般情况下机翼产生下俯力矩，但当重心后移较多且迎角很大时则可能产生上仰力矩。水平尾翼产生的俯仰力矩因为正常飞行中水平尾翼产生负升力，所以水平尾翼力矩是上仰力矩；当迎角很大时也会产生下俯力矩。飞机发动机产生的推力或拉力若其作用线不通过重心也会产生俯仰力矩。

影响俯仰平衡的因素很多，主要有：加减油门、收放襟翼、收放起落架和重心变化。

加减油门对俯仰平衡的影响：加减油门会改变拉力或推力的大小，从而改变拉力力矩或推力力矩的大小，影响飞机的俯仰平衡。需要指出的是，加减油门后，飞机是上仰还是下

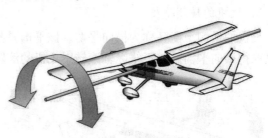

图 4.9 飞机俯仰运动

俯，不能单看拉力力矩或推力力矩对俯仰平衡的影响，需要综合考虑加减油门所引起的机翼、水平尾翼等力矩的变化。

收放襟翼对俯仰平衡的影响：收放襟翼会引起飞机升力和俯仰力矩的改变，从而影响俯仰平衡。比如，放下襟翼，一方面因机翼升力和压力中心后移，飞机的下俯力矩增大，力图使机头下俯；另一方面由于通过机翼的气流增大，水平尾翼的负迎角增大，负升力增大，飞机上仰力矩增大，力图使机头上仰。放下襟翼后，究竟是下俯力矩大还是上仰力矩大，这与襟翼的类型、放下的角度以及水平尾翼位置的高低、面积的大小等特点有关。放下襟翼后，机头是上仰还是下俯，仍然要看上仰力矩和下俯力矩谁大谁小，而且还要看升力最终是增大还是减小。放下襟翼后，如果上仰力矩增大，迎角因之增加，升力更为增大。此时，飞机自然转入向上的曲线飞行而使机头上仰。但如果放下襟翼后使下俯力矩增大，迎角因之减小，这就可能出现两种情况。一种是迎角减小得较多，升力反而降低，飞机就转入向下的曲线飞行而使机头下俯。另一种是迎角减小得不多，升力因放襟翼而仍然增大，飞机仍将转入向上的曲线飞行而使机头上仰。为减轻放襟翼对飞机的上述影响，各型飞机对放襟翼时的速度和放下角度都有一定的规定。收襟翼，升力减小，飞机会转入向下的曲线飞行而使机头下俯。

收放起落架对俯仰平衡的影响：收放起落架，会引起飞机重心位置的前后移动，飞机将产生附加的俯仰力矩。比如，放下起落架，如果重心前移，飞机将产生附加的下俯力矩；反之，重心后移，产生附加的上仰力矩。此外，起落架放下后，机轮和减震支柱上还会产生阻力，这个阻力对重心形成下俯力矩。上述力矩都将影响飞机的俯仰平衡。

收放起落架，飞机到底是上仰还是下俯，就需综合考虑上述力矩的影响。

重心位置变化对俯仰平衡的影响：飞行中，人员、货物的移动，燃料的消耗等都可能会引起飞机重心位置的前后变动。重心位置的改变势必引起各俯仰力矩的改变，其主要是影响机翼力矩的改变。所以，重心前移，下俯力矩增大；反之，重心后移，上仰力矩增大。

如上所述，飞行中，影响飞机俯仰平衡的因素是经常存在的。为了保持飞机的俯仰平衡，飞行员可前后移动驾驶盘偏转升降舵或使用调整片偏转升降舵，产生操纵力矩，来保持力矩的平衡。现代大型飞机由于纵向尺寸较大，重心纵向位移量较大，单靠升降舵不能保证在各种状态下的纵向平衡，因此，现代大中型飞机的水平安定面的安装角度大多可以调节，初步实现纵向配平。如何配平，如何得到水平安定面的配平角度就成了载重平衡计算的重要内容之一。

2）飞机的横侧平衡

飞机的横侧平衡又称为横向平衡。该平衡是指作用于飞机的各滚转力矩之和为零，飞机取得横向平衡后，不绕纵轴滚转。飞机的滚转运动如图4.10所示。

图4.10　飞机滚转运动

飞机横侧平衡的力矩主要是两翼升力对重心产生的滚转力矩。

影响飞机的横侧平衡因素：两翼升力不等；重心左右移动（如两翼的油箱，耗油量不均）；货物装载情况和滚动情况，以及空气流的作用等因素产生的滚动力矩。

因此，我们要注意加油和耗油时要保持左右机翼等量，装载货物要保持机身两侧载量相差在规定范围内（特别是宽体飞机），避免货物在飞机失去横侧平衡时向一侧滚动而加重不平衡程度。

当飞机因某些原因失去横侧平衡时，驾驶员可以通过改变飞机两侧机翼的副翼角度使飞机恢复到平衡状态。例如，当飞机发生左横滚时，驾驶员若要将其恢复到平衡状态，则需要通过向右转动操纵杆，增大左侧副翼下放角度，使其升力增大，同时减小右侧副翼下放角度，使该侧升力减小，最终实现飞机的横侧平衡。

3）飞机的方向平衡

飞机的方向平衡是指作用于飞机的各偏航力矩代数和为零，飞机取得方向平衡后，不绕立轴转动。飞机的方向运动如图4.11所示。

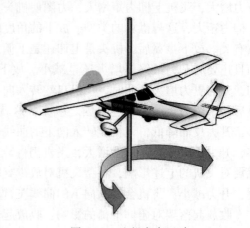

图4.11　飞机方向运动

影响飞机方向平衡的主要因素是由发动机的推力或横向风等因素所产生的偏转力矩。例如，飞机飞行时一台发动机熄火，则导致机翼左右两侧推力不均衡，产生偏向。又如，飞行时，飞机遇到一股横向风，就会出现偏向。

当飞机失去方向平衡时，驾驶员可以通过改变方向舵角度使其向相反方向偏转，恢复到平衡状态。

飞机的方向平衡和横侧平衡是相互联系相互影响的，方向平衡受到破坏，如不修正就会引起横侧平衡的破坏。反之，如果失去横侧平衡，方向平衡也就保持不住。飞机的方向平衡和横侧平衡合起来叫作飞机的侧向平衡。

第三节　飞机的稳定性和操纵性

一、飞机的稳定性

一个物体的稳定和它是否平衡有关。也就是说，物体是先有平衡，再有稳定的。例如，一个圆球首先应能平衡，然后才会有稳定。如图 4.12 所示。

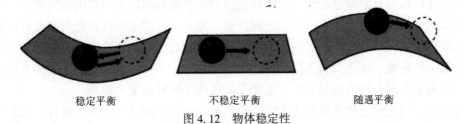

稳定平衡　　　　　　不稳定平衡　　　　　　随遇平衡

图 4.12　物体稳定性

当外部对圆球稍加一点力，使其离开原来的状态，外力一取消，它立刻就恢复到原来的状态，这种情况叫"稳定平衡"，即图 4.12 左图情况。如果原本稳定，施加外力后它就离开原位，外力撤销后，并不能恢复到原来状态，这种稳定就叫"不稳定平衡"，即图 4.12 中间图形所示。如果施加外力，圆球偏离原来稳定状态，当外力撤销后，小球在一个新的位置处于平衡，这种情况称为"随遇平衡"或"中和稳定"，即图 4.12 右图情况。

在飞行中，飞机会经常受到各种各样的瞬间扰动，如气流的波动、发动机工作不均衡、驾驶员偶然触动杆舵等，这些扰动就会使飞机偏离原来的平衡状态，偏离后，飞机能否自动恢复原状，就关系到飞机的稳定性。倘若飞机受到一个小的外力瞬间的干扰（例如，突然吹来一阵风），其原来的平衡被破坏，在外力撤销后，不经驾驶员操纵飞机就能自行恢复到原来飞行状态，则这架飞机就是稳定的，否则就是不稳定的。因此，飞机的稳定性就是在飞行中，当飞机受微小扰动而偏离原来的平衡状态，并在扰动消失后，不经飞行员操纵，飞机自动恢复原来平衡状态的特性。

当建立好一个机体坐标系后，飞机绕三个坐标轴就有了三种运动，即，绕横轴的俯仰运动、绕立轴的偏航运动和绕纵轴的滚转运动。而与之相关的是三种稳定性，即纵向稳定性、侧向稳定性和方向稳定性。

1. 飞机纵向稳定性（又称俯仰稳定性）

飞机绕横轴的稳定运动叫纵向稳定，或俯仰稳定。当飞机做平衡飞行时，若有一个小的扰动，使其迎角变化，使飞机抬头或低头，并会绕横轴上下摇摆。扰动消失后，驾驶员不操纵飞机，而靠飞机自身构造产生一个力矩，使其恢复到原平衡飞行状态，则这架飞机是纵向稳定的。

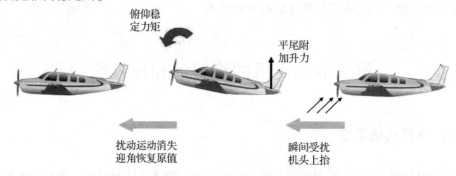

俯仰稳定力矩

平尾附加升力

扰动运动消失
迎角恢复原值

瞬间受扰
机头上抬

图 4.13　飞机俯仰稳定性

飞机之所以具有俯仰稳定性，是俯仰稳定力矩和俯仰阻尼力矩作用的结果。

飞机的俯仰稳定力矩主要由水平尾翼产生。当飞机受扰动而机翼迎角增大时，水平尾翼迎角也增大，产生向上的附加升力，对飞机重心形成下俯的稳定力矩，使飞机趋向于恢复原来的迎角。反之，当飞机受扰动而机翼迎角减小时，水平尾翼产生向下的附加升力，对重心形成上仰的稳定力矩，也使飞机趋向于恢复原来的迎角。

实际上，当飞机受扰动迎角变化时，除水平尾翼迎角随之变化外，机身、机翼、螺旋桨等部分的迎角也要发生变化，同样会产生附加升力。要弄清俯仰稳定力矩的产生，就需将飞机各部分的附加升力综合起来研究。飞机迎角改变时，各部分附加升力的总和，叫作飞机的附加升力。飞机附加升力的着力点，叫作飞机的焦点。飞机的附加升力可以是正，也可以是负，迎角增加，附加升力为正；迎角减小，附加升力为负。实验结果表明，低速飞行时，迎角改变，飞机焦点位置是固定不变的。飞机焦点位置的表示法与重心位置表示法相同。因此，飞机的俯仰稳定性，取决于飞机的焦点和飞机重心的相互位置。当飞机焦点位于飞机重心之后时，飞机具有俯仰稳定性。因为当飞机受扰动而迎角增大时，飞机附加升力对重心形成下俯的稳定力矩，使飞机具有自动恢复原来迎角的趋势。反之，迎角减小时，产生上仰的稳定力矩。当飞机焦点位于飞机重心之前时，飞机就没有俯仰稳定性。因为当飞机受扰动而迎角增大时，飞机附加升力对重心形成上仰的不稳定力矩，迫使迎角更加增大。反之，迎角减小时，不稳定力矩则迫使迎角更加减小。当飞机焦点与重心重合时，飞机处于中立安定。因为当飞机受扰动而迎角发生变化时，飞机附加升力正好作用于飞机重心，对重心的力矩等于零。飞机既不自动恢复原来的迎角，也不更加偏离原来迎角。可见，为保证飞机具有俯仰稳定性，必须使飞机焦点位于飞机重心之后。对一般飞机来说，飞机焦点之所以能位于飞机重心之后，是水平尾翼作用的结果。因水平尾翼附加升力距离重心的距离远，必然使飞机总的附加升力的着力点，即飞机焦点，大大向后移动。

飞行中，仅有俯仰稳定力矩是不足以保证飞机自动恢复到原来迎角的。要使飞机最后恢复到原来的迎角，除有稳定力矩使飞机具有自动恢复原来迎角的趋势外，还要在飞机俯仰摆动过程中，形成阻尼力矩，迫使飞机的摆动逐渐减弱乃至消失。俯仰阻尼力矩主要由水平尾翼产生。当机头向上转动时，水平尾翼向下转动，在水平尾翼上引起向上的相对气流速度。这时，流向水平尾翼的实际气流速度，等于流向水平尾翼的迎面气流速度和向上的相对气流速度的合速度。因此，水平尾翼迎角增大，在水平尾翼上产生正的附加升力，对重心形成力矩，阻止机头向上转动。这个力矩就是俯仰阻尼力矩。同理，当机头向下转动时，水平尾翼产生向上的阻尼力矩。这就是说，飞行中只要飞机绕横轴转动，就会引起水平尾翼迎角变化，从而产生与机头转动方向始终相反的阻尼力矩。飞机在俯仰稳定力矩和俯仰阻尼力矩作用下，恢复到原来迎角的情形。飞行实践证明，在低速飞行中，水平尾翼能够产生很大的阻尼力矩，当迎角减小到原来迎角时，下俯角速度基本减小到零，飞机不需要经历明显的俯仰摆动就可以自动恢复原来的迎角。除水平尾翼产生俯仰阻尼力矩外，机翼、机身等其他部分也能产生。不过，水平尾翼离飞机重心远，力臂长，产生的阻尼力矩比其他部分大得多。所以，分析时只考虑水平尾翼阻尼力矩的作用。

2. 飞机方向稳定性（又称航向稳定性）

飞机绕立轴的稳定运动叫方向稳定（又叫航向稳定），飞机方向稳定表现为偏航角的变化。偏航角是飞机纵轴同飞行方向之间的夹角。飞机稳定飞行时，偏航角等于零。如果飞机受到一个小的外力干扰，破坏了它的平衡，就会产生偏航角。当外力消失后，飞机不需要驾驶员操纵，靠其自身机构能够消除偏航角，自动恢复到原来的飞行状态，那么这架飞机就是方向稳定的，否则就是方向不稳定。如图 4.14 所示。

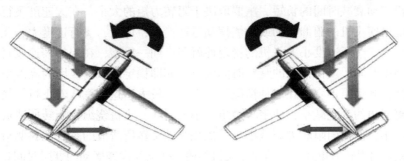

图 4.14　飞机方向稳定性

方向稳定性，主要是通过垂直尾翼产生的方向稳定力矩和方向阻尼力矩得以实现。

飞机在受到外力干扰之前做稳定飞行，不存在偏航角，处于平衡状态。如果此时一阵风突然从侧面吹过，使机头向右偏，便产生偏航角，阵风消失后，飞机仍会保持原来方向向前运动一段距离，此时相对气流吹到垂直尾翼上，就会产生一个向右的附加力，形成向左的稳定力矩使机头向左偏，最终飞机就能够恢复到原来的飞行状态。飞机转动的过程中，垂尾处出现附加的侧向气流速度分量，导致垂尾出现侧力，侧力形成的力矩起到阻碍转动的作用，称为方向阻尼力矩。

3. 飞机侧向稳定性

飞机绕纵轴的稳定运动叫作侧向稳定性。假定飞机在稳定状态下飞行，如果这时有一个小的外力干扰，就会使机翼一边高一边低，绕纵轴发生倾斜。当外力消失后，不需要驾驶员的操纵，飞机依靠自身构造就能够产生一个恢复力矩，自动恢复到原来的飞行状态，那么这架飞机就是侧向稳定的，否则就是侧向不稳定的。飞机的横侧稳定性如图

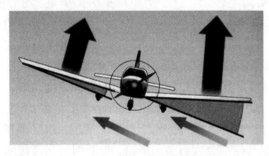

图 4.15　飞机的横侧稳定性

4.15 所示。横侧稳定性，主要是通过机翼产生的横侧稳定力矩和横侧阻尼力矩得以实现。

横侧稳定力矩主要由侧滑中机翼的上反角和后掠角产生。上反角情况下，侧滑前翼的迎角更大，升力大于侧滑后翼的升力，从而产生绕纵轴的横侧稳定力矩。后掠角情况下，侧滑前翼的有效分速大，因而升力大于侧滑后翼的升力，从而产生横侧稳定力矩。机翼上下位置和垂尾也能够使机翼产生横侧稳定力矩。飞机在受扰动后的转动过程中，由于机翼存在附加上、下气流分量，使两翼迎角不等，从而导致两翼升力不等，这一阻尼力矩对飞机转动起阻碍作用。

影响飞机稳定性的因素有飞机的重心位置、速度、高度、大迎角飞行等。飞机重心位置越靠前，重心位置至飞机焦点越远，飞机纵向稳定增强。飞机的方向稳定性也增强。重心位置的前后移动，不影响飞机滚转力矩的大小，所以也就不影响飞机的横向稳定性。飞机摆动衰减时间的长短，主要取决于阻转力矩的大小。在大速度飞行时，阻转力矩大，能迫使飞机的俯仰摆动或横侧摆动迅速消失，那么，飞行速度大，飞机的稳定性就强；反之，飞行速度小，飞机的稳定性就弱。同一机型，在保持表速或真速不变的情况下，高度升高，飞机摆动的衰减时间延长，亦即稳定性减弱。因为高度增高，如保持表速不变，则动压不变，在这种情况下，真速比较大，这就意味着飞机绕横轴旋转所造成的机翼迎角的变化减小，使阻转力矩减小。同样，飞机绕纵轴旋转所造成的机翼迎角的变化减小，使横向阻转力矩减小；飞机绕立轴旋转所造成的垂直尾翼侧滑角变化量也减小，使方向阻转力矩降低。因此，飞机的俯仰摆动和横侧摆动的衰减时间拉长，飞机稳定性减弱。低速飞机在小于临界迎角的条件下飞行，一般都具有良好的横侧稳定性，当飞机超过临界迎角以后，就变为横侧不稳定了。比如，飞机受扰动以致向左倾斜时，左翼下沉，迎角增大，如果超过临界迎角，左翼升力不仅不增大，反而减小；右翼上扬，迎角减小，右翼升力反而可能比左翼升力大。这样，左右两翼之升力之差所形成的阻转力矩就改变了方向，不仅不能阻止飞机滚转，反而使滚转加快，而失去横侧稳定性。

二、飞机的操纵性

能操纵，是现代飞机的重要特征之一。飞机实现飞行就必须保证在三个轴方向上的运动是可操纵的，这样才能改变原来的平衡状态，实现起飞、降落、转弯等飞行状态的变化。飞机的操作性只指飞机在飞行员操纵升降舵、方向舵和副翼时改变其飞行状态的特性。操纵动作简单、省力，飞机反应快，操作性就好，反之则不好。飞机的操纵性同样包括俯仰操纵性、方向操纵性和横侧操纵性。

1. 飞机的俯仰操纵性

飞机的俯仰操纵性是指飞行员操纵驾驶杆使升降舵偏转之后，飞机绕横轴转动而改变迎角等飞行状态的特性。如图 4.16 所示。

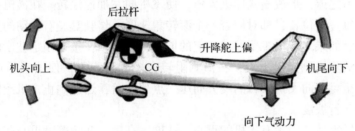

图 4.16　飞机的俯仰操纵性

在直线飞行中，飞行员向后拉驾驶杆，升降舵向上偏转一个角度，在水平尾翼上产生向下的附升力，对飞机重心形成俯仰操作力矩，迫使机头上仰，迎角增大。驾驶杆前后的每个位置对应着一个迎角或飞行速度。飞行中，升降舵偏转角越大，气流动力越大，升降舵上的空气动力也越大，从而枢轴力矩也越大，所需杆力（飞行员操纵驾驶杆所施加的力）也越大。

2. 飞机的方向操纵性

飞机的方向操纵性就是在飞行员操纵方向舵后，飞机绕立轴偏转而改变其侧滑角等飞行特性。如图 4.17 所示。

与俯仰角相似，在直线飞行中，每一个脚蹬位置，对应着一个侧滑角，蹬右舵，飞机产生左侧滑；蹬左舵，飞机产生右侧滑。方向舵偏转后，同样产生方向舵枢轴力矩，飞行员需要用力蹬舵才能保持方向舵偏转角不变。方向舵偏转角越大，气动动压越大，蹬舵力越大。

3. 飞机的横侧操纵性

飞机的横侧操纵性是指在飞行员操纵

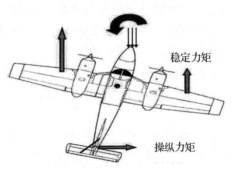

图 4.17　飞机的方向操纵性

副翼后，飞机绕纵轴滚转而改变滚转角速度、坡度等飞行状态的特性。如图4.18所示。

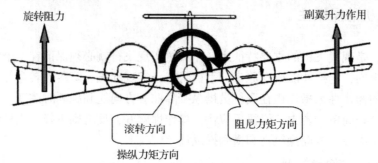

旋转阻力　　　　　　　　　　　　　　　　副翼升力作用

滚转方向　　　　阻尼力矩方向

操纵力矩方向

图 4.18　飞机的横侧操纵性

比如，飞行员向左压驾驶盘，右副翼下偏，右翼升力增大，左副翼上偏，左翼升力减小，两翼升力之差，形成横侧操纵力矩，使飞机向左加速滚转。在横侧操纵中，驾驶盘左右转动的每一个位置，都对应着一个滚转角速度。驾驶盘左右转动的角度越大，滚转角速度越大。如果飞行员想要保持一定的坡度，就必须在接近预定坡度时将驾驶盘回到中立位置，消除横侧操纵力矩，在横侧阻转力矩的阻止下，使滚转角速度消失。有时，飞行员甚至可以向飞机滚转的反方向压一点驾驶盘，迅速制止飞机滚转，使飞机准确地达到预定飞行坡度。

影响飞机操纵性的因素有飞机的重心、速度、高度、迎角等。重心前移导致飞机杆位移大和杆力增大，俯仰操纵性变差；重心后移导致飞机杆位移小，杆力变轻，操纵性变好。速度大，飞机反应快（舵面效率高），操纵性好。以同一个速度进行飞行，高度增加，空气密度降低，飞机反应慢（舵面效率低），操纵性差。迎角增大，横侧操纵性变差，当临界迎角和大于临界迎角时，可能出现横侧反操纵。

三、飞机稳定性和操纵性的关系

重心位置是影响飞机稳定性和操纵性的主要因素，若飞机重心后移，重心与水平尾翼距离会拉近，力臂变短，就会导致水平尾翼产生升力的力矩变小，使得飞机纵向稳定性变差，严重时其至会使飞机失去纵向稳定性。为了保证飞机具有足够纵向稳定性，重心向后移动将会有一个极限位置，这个位置就被称为飞机重心后极限。反之，如果飞机重心前移，重心与水平尾翼距离会增加，力臂变长，就会导致水平尾翼产生升力的力矩变大，使得飞机纵向稳定性增强，而过强的稳定性会导致飞机操纵性变差。为了保证飞机具有一定的操纵性，飞机的重心向前移动也会有一个极限位置，这个位置被称为飞机重心前极限。

从上面的说明我们可以看出：飞机的稳定性和操纵性是一对矛盾。当要求飞机稳定性好的时候，必然会牺牲飞机的操纵性；反之，如果要求飞机的操纵性好，必然也会导致飞机的稳定性比较差。因此，需要协调好飞机的操纵性和稳定性二者之间的关系，这也就决定了飞机的重心需要安排在一个合理的位置。

思考题

1. 什么是重心？什么是飞机的重心？
2. 什么是 MAC 和 SMC？
3. 飞机重心位置的表示方法是什么？
4. 什么是飞机的三大平衡？各自围绕的转动轴是什么？
5. 影响三大平衡的因素是什么？重心对三大平衡的影响是怎样的？
6. 什么是飞机的稳定性和操纵性？各自有哪些方面的稳定性和操纵性？
7. 什么叫作飞机的焦点？焦点与重心的关系是什么？
8. 影响飞机稳定性和操纵性的因素有哪些？
9. 飞机的稳定性与操纵性的关系是怎样的？重心位置与稳定性、操纵性的关系是什么？

第五章　飞机的重心计算与装载配平

由于飞机稳定性与操纵性的需求，为了保证飞行的安全性和获得好的经济性要求飞机的重心必须在一个合理的范围内，即重心的前极限和后极限。在安排业载装载位置时应充分考虑到重心的要求，并计算出装载后飞机重心的位置及配平值。

第一节　飞机重心位置的计算

一、代数计算法

说到飞机重心位置的表示，人们通常会想到首先选择一个位置起算点（即基准点），然后重心的位置就是重心距离这个基准点的距离，这样就能很准确地表示出物体的重心了。

1. 概念

代数法的思路就是以重心到基准点的距离（力臂）作为未知数 x，逐项计算力矩求和得到总力矩，最后利用力矩公式（力矩＝力×力臂）求算出重心位置 x。

因此，可以得到计算公式：重心到基准点的距离＝总力矩÷总重量

从俯仰平衡的角度来看，飞机的重心是使下俯力矩和上仰力矩在数量上相等的一个点，即上仰力矩之和等于下俯力矩之和。

2. 计算方法

从其概念可知，重心位置的计算，首先要设定基准点，其次应求出总力矩和总重量，即可得到重心距离基准点的长度。

例如：AB 长 9 m，A 点重量 1 kg，B 点重量 2 kg。求重心位置。见图 5.1。

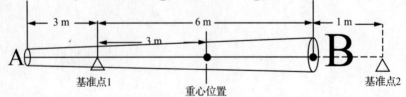

图 5.1　代数法计算重心方法

方法 1：设基准点在 A 点右侧 3 m 处，即基准点 1 位置。规定基准点 1 右边为正，左边为负。

则有：A 点力矩 =（-3）×1 = -3 kgm

B 点力矩 = 6×2 = 12 kgm

总力矩 = -3+12 = 9 kgm

重心位置 = 9÷（1+2）= 3 m

即，重心位置在基准点 1 右侧 3 m 处，A 点右侧 6 m 处。

方法 2：设基准点在 B 点右侧 1 m 处，即基准点 2 位置。规定基准点 2 右边为正，左边为负。

则有：A 点力矩 =（-10）×1 = -10 kgm

B 点力矩 =（-1）×2 = -2 kgm

总力矩 = -10-2 = -12 kgm

重心位置 = -12÷（1+2）= -4 m

即，重心位置在基准点 2 左侧 4 m 处，重心位置仍在 A 点右侧 6 m 处。

由此可见，基准点可以设在两点间或两点以外的任何位置，重心位置不受基准点位置变化的影响。

3. 计算飞机重心位置的方法

如果将上述方法用于飞机重心的计算中，其过程就如下所述。

为了计算方便，随意在飞机的机身纵轴线上假设一个基准点；

确定计算原则：抬头力矩为正，低头力矩为负。

在基准点的前面增加重量：（-）力矩

在基准点的后面增加重量：（+）力矩

在基准点的前面减小重量：（+）力矩

在基准点的后面减小重量：（-）力矩

（1）将飞机上装载的各项重量分别根据它们各自距离基准点的力臂长度，逐项算出各装载力矩数；

（2）以空机力矩数为基础，加上装载力矩数，得到飞机装载后总力矩数；

（3）总力矩数除以总重量，得到飞机装载后的重心距离基准点的力臂长度，即重心位置；

（4）根据平均空气动力弦换算出 %MAC 值。

代数计算法是计算飞机重心位置的基本方法。计算时基准点的改变不影响重心位置。但由于基准点的位置不确定，会造成表示重心位置的数值千变万化，所以在实际操作中仍非常不方便。

二、站位法

站位法是对代数计算法的一种改进算法，它采用固定的基准点来计算重心位置，这样使得计算结果表示重心位置的数值唯一。站位是用于表示机身上位置的一个单位。站位基准点为 0 站位。采用英制的国家常用"in（英寸）"表示站位数，采用公制的国家常用"m（米）"表示站位数。

站位（Station）和平衡力臂（Balance Arm）都是沿飞机纵轴的坐标，但平衡力臂 B. A. 是到零站位的实际距离，而站位 B. S.（Body Station）一般不是实际距离（仅对原型机 B. A. = B. S. = 到零站位的实际距离），因此，在装载配平计算中应该使用平衡力臂而不是站位来计算力矩。

例如：B737-300，平均气动弦长 MAC = 134.5 in，MAC 前缘的 B. A. = 625.6 in，C. G. DATUM（重心基准点）的 B. A. = 648.5 in，见图 5.2。如重心的平衡力臂为 B. A.，则用 MAC 的百分数表示的重心位置是：

$$\%\mathrm{MAC} = \frac{\mathrm{B.\,A.}-625.6}{134.5}\times100\%$$

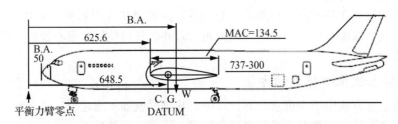

图 5.2　站位法计算飞机重心位置

以站位法计算飞机重心，具体又分为站位基准点法、平均空气动力弦百分比法和平衡基准点法这三种方法。

三、指数计算法

站位法计算数值精确，适用于小机型计算使用，但结果往往都比较大。对于现代大中型飞机，由于机体庞大，使用站位法计算非常复杂，很难具体应用。而且，由于飞机重量很大，计算出来的力矩很大，使用不方便。另外，这类飞机的稳定性又都比较好，这样对精度要求就不是很高。因此，就有了对站位法的改进型算法，这就是指数计算法。

计算飞机的重心时，大量的运算是计算各项重量的力矩数。空飞机的重量和重心位置是已知的，因此相对于某个基准点的力矩数是可算的，当在空飞机上加入附加设备、空勤组及携带品、服务设备、供应品等项目后，也可计算出飞机的基本重量的力矩数，这个数值一般也是固定的。还需要计算出燃油、旅客、行李、邮件和货物的力矩数。这些项的重量虽然在每次飞行时是不同的，但客舱每排座位的位置、每个货舱的位置、每个油箱的位置都是固定的，因此可以预先计算出每个部位的单位装载量（例如 1 名旅客或 100 kg 货物）所构成的力矩数（例如，第一排座位安排 1 名旅客时构成的力矩数、第二排座位安排 1 名旅客时构成的力矩数……第 1 号货舱装载 100 kg 货物时构成的力矩数、第 2 号货舱装载 100 kg 货物时构成的力矩数……第 1 号油箱装入 100 kg 燃油时构成的力矩数、第 2 号油箱装入 100 kg 燃油时构成的力矩数……），然后在计算每次飞行的飞机上各项重量的力矩时，只需要把各排座位、各个货舱、各个油箱的实际装载量和其单位装载量的比值与其单位装载量的力矩数相乘，便可计算出实际装载的各项重量构成的力矩数。把这些力矩数与基本重量的力矩数相加，就得到飞机装载后总的力矩数。在计算时，重量一般以公斤为单位，力臂一般以米为单位，因而以此计算出的力矩数值很大，计算困难。为了计算方便，因机型不同而通常把单位装载量构成的力矩数再乘以一个适当的缩小系数（如 1/100、1/1000、1/10000 等）作为实际使用的基数，这个基数就称为单位装载量的指数。把基本重量、燃油和业载构成的力矩数分别乘以该缩小系数，就得到基本重量指数、燃油指数和业载指数，再把这三个指数相加就得出飞机装载后的总指数。

指数计算法分为以力矩数为基础的指数和以平均空气动力弦百分比为基础的指数两种。

1. 以力矩数为基础的指数

（1）定义：以力矩数为基数，按照一定的规定换成指数，这种方法叫以力矩数为基础的指数。

这里的力矩数分为以下两类：

- 固定力矩数，空机力矩、基本重量力矩数是固定的。
- 变动力矩数，燃油、旅客、货物等重量数是变动的，但客座的位置、货舱位置、油箱位置是固定的。因此，可以预先计算出每个固定位置的单位载量力矩。

（2）特点：在平衡基准点法的基础上，把数字缩小。把大量的计算过程以计算表的形式代替，一步完成多步计算过程，方便快捷。波音和空客飞机都采用这种方法求算重心位置。

（3）重心计算方法：

第一步，求单位装载量的力矩数。如，第一排装载一位旅客，以其力矩数的多少作为基数，再乘以缩小系数，即为单位装载量的指数。

第二步，把所有的指数相加，包括固定力矩数、所有变动力矩数，求和得到总力矩指数。

第三步，查表得到无油重量的重心、落地重量的重心和起飞重量的重心。

计算表根据计算总力矩、总重量、重心位置的关系，画成图表。计算表的设计目的是通过已知总力矩指数，求飞机重心的平均空气动力弦百分比。

飞机的基重指数（BOI）与修正后基重指数（DOI）：飞机基本重量中包括机组、乘务组、配餐等的重量。由于同一架飞机机组、乘务组的人数或配餐标准可能会发生变化，所以，飞机基本重量也会变化。基重指数（BOI—Basic Operating Weight Index）就是把按飞机基重计算出来的指数再加某一正数得到的值。

例如：

  B737-300：BOI＝（Harm-648.5）×BOW/30000+40

  B757-200：BOI＝（Harm-1037.8）×BOW/75000+50

基重（BOW）及其重心位置的 Harm（或 B.A.）可通过对飞机称重得到。如机组、乘务组人数和配餐与基本配备中的标准不同，则要对基本使用重量做修正，修正机组、乘务组人数和配餐等重量后的基重称为修正后基本重量（又称干使用重量），常用 DOW 表示。对基重指数 BOI 做相应的修正后得到的指数称为修正后基重指数（DOI—Dry Operating Weight Index）。通常在载重配平图表上给出了对 BOI 进行修正的方法或数据。加一个正数的目的是为了保证 ZFW 对应的指数恒为正，否则，即使 DOW 对应的指数为正，加上业载后有可能使指数为负，再和燃油指数运算时会出现负数相加减的情况，易出错。

例如：A300-600R 的重心位置计算

$$BOI = \frac{(Harm - 30) \times DOW}{2000} + 40$$

BOI：基重指数；DOW：修正后的基重指数；Harm：以米为单位的力臂数（站位数）；30：平衡基准点站位；$\frac{1}{2000}$：缩小系数。

指数的计算步骤：

第一步，Harm-30，把载量的站位力臂换算成以平衡基准点为准的力臂长度。

第二步，（Harm-30）×DOW，力臂数乘以重量，得到基本重量的力矩数。

第三步，将第二步的结论乘以缩小系数，即 $\frac{(Harm-30) \times DOW}{2000}$，得出指数（单位载量指数）。

第四步，$\frac{(Harm-30) \times DOW}{2000}$ +40，加常数使之为正，以方便计算，得出基本重量指数。

通过以上四步，我们就得到了填表时已知的飞机基本重量指数。

第五步，除加常数 40 外，按照以上计算步骤，就可预先求算出单位载量指数。

装载后的飞机重量指数计算步骤：

第一步，根据单位载量指数求算出实际业载的指数。

例如，客舱前区坐 5 人，则用第一区每客单位载量指数乘以 5；腹舱前舱有 1000 kg 货物，则用前舱每 100 kg 单位载量指数乘以 10；这样算出来的各指数相加，就能得到总的实际业载指数。

第二步，把所有的指数相加（包括基本重量指数和实际业载指数），得出总指数，即无油重量总力矩指数。

第三步，通过无油重量总力矩指数和实际无油重量，可以查表求得无油重心位置。

无油重量总力矩指数加上起飞油量指数得到起飞重量总力矩指数，通过该指数和实际起飞重量，又可以查出起飞重量指数。

第四步，通过查阅指数与%MAC关系图表确定业载装载完成后的飞机重心位置。如图5.3所示。

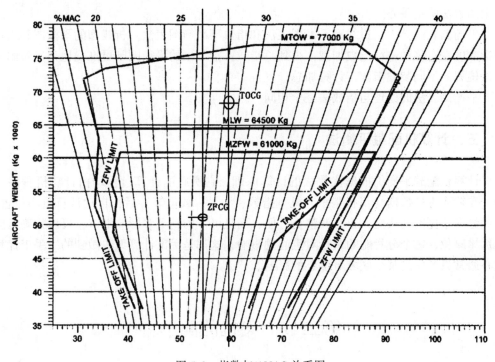

图5.3　指数与%MAC关系图

2. 以平均空气动力弦百分比为基础的指数

从计算飞机重心位置的公式和计算以%MAC来表示飞机重心位置的公式中可以看出，在总重量不变的条件下，总力矩和%MAC之间有一定的关系，力矩数越大，%MAC也越大。用%MAC作为指数，把空机重心%MAC作为空机指数；算出各种装载项目的单位载量对空机重心%MAC的影响系数（即在空机上装了单位装载量之后，使空机%MAC的重心位置移动多少，通常用$\triangle x$%MAC表示），称为单位装载量指数；有了这两种指数，算出飞机装载后的总指数；根据总指数和装载量从表中（预先计算和绘制成的表）求出相应的起飞全重重心位置%MAC。

四、平衡图表法

在每次飞行前都要求准确地计算出飞机的重心位置。采用指数法虽然比采用代数法要简便，但仍需要进行很多的计算，既费时费力，又易出现错误。载重平衡图表是以指数法为基础设计出来的，即指数法的图表化。采用平衡图计算飞机的重心位置要比采用指数法简便得多。它保留指数法中重要的重心位置计算图表，以基本重量的指数为基准。为了能用图解法确定重心，必须在图上能做力矩加减，所以在这种图中横坐标是按力矩大小来刻度的，代表的是力矩大小。纵坐标代表重量，大小不同的重力虽力臂相同，但力矩是随重量增大而线性增大的（指绝对值），因此在图上反映%MAC这一位置的线是一条斜的直线。按照力矩正负的不同，分别向两个方向倾斜。做出这种图之后就可用图解法确定重心。

平衡图表法分为：折线型平衡图表法和指数型平衡图表法。折线型的平衡图利用每格指数的左右移动进行指数加减，得到总指数；指数型的平衡图则更准确地列出各固定载量位置的不同装载指数，计算加总。

平衡图表法的原理与指数法完全相同。

五、计算机配载平衡法

计算机配载平衡仍根据代数法的计算原理，它所有的计算过程均由计算机程序代替。在输入飞机数据（飞机基重、机重指数、油量、载量等）后，自动计算重心位置。其优势在于更准确快捷，重心调整更方便，而且可考虑到更多影响细节，可以精确考虑到每排座位、每个分货舱的载量对重心的影响，这都是手工计算无法做到的。手工计算重心通常只考虑到某个区域对重心的影响。

第二节　飞机的配平

平衡飞机的纵向力矩和驾驶杆的杆力，这是操纵飞机的基本要求。飞行速度的变化、飞机重心的改变和气动外形的改变（由于襟翼和扰流板偏转等）都会导致飞机力矩的不平衡，影响飞机的正常飞行。配平的作用就在于消除不平衡力矩和稳态时的杆力。飞机的配平工作非常重要，正确的配平来自重量、重心的精确计算，旅客、货物、加油量影响飞机的重量、重心，旅客、货物和加油量等信息必须及时通知配载部门。配平工作可以由装载配平单（Weight and Balance Chart）来完成。配载人员在装载配平单上合理安排旅客、货物，确定飞机的重心及配平值，飞行员要根据此单检查旅客、货物的装载情况并在驾驶舱内对配平片或安定面进行调整，使飞机配平，并使驾驶员在起飞操作时能有正常的杆力感觉。

配平是通过调整配平调整片的刻度或水平定安面的调定值来改变飞机的纵向力矩使飞机达到平衡。

小飞机配平一般是改变调整片的角度（安定面是固定的）使升降舵的行程减少。如图5.4所示。

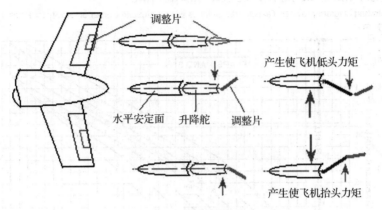

图 5.4　小机型配平

大飞机配平是调整安定面的角度，升降舵仍保持在中立位置不减少行程，这样就可以保证有足够的俯仰操纵性。如图 5.5 所示。

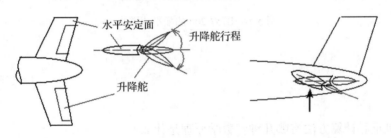

图 5.5　大机型配平

安定面配平值与重心、襟翼位置、重量、推力有关，重量增大则配平值增大；重心向后则配平值减小；推力减小则配平值增大；襟翼角度增加则配平值减小。配平值增大，水平安定面向下偏转，平尾产生附加的向下的力（产生一个抬头力矩），使机头上仰；配平值减小，水平安定面向上偏转，平尾产生附加的向上的力（产生一个低头力矩），使机头向下。

配平值可以通过飞机装载配平手册中安定面配平值的图表查找确定。例如 B757-200 的配平值图表，如图 5.6 所示。

TAKEOFF HORIZONTAL STABILIZER TRIM SETTING

The following diagram provides Takeoff Trim Settings versus Airplane Center of Gravity for Flaps 1 and 5 in Kilograms.

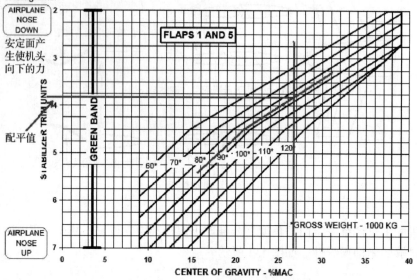

图 5.6　B757-200 的配平值图表

思考题

1. 飞机重心计算方法有哪几种？数学原理是什么？
2. 指数法是怎样计算飞机重心的？
3. 飞机的基重指数是如何确定的？
4. 为方便计算，实际工作中重心计算采用的是哪些方法？
5. 什么是飞机的配平？配平调整的是飞机什么位置的角度？
6. 配平值的大小与哪些因素有关？它们的相互关系是怎样的？

第六章　载重平衡图表

载重平衡图表是以飞机重心计算法中的指数法为基础设计出来的，即指数法的图表化。采用平衡图表计算飞机的重心位置要比采用指数法简单易学，而且可以大大缩短平衡工作的时间和工作强度，是现在手工平衡工作的主要形式。载重平衡图按机型设计，每套图纸包括：载重表及载重电报（Loadsheet & Loadmessage）、平衡图（Weight and Balance Manifest）、装机单（Loading Instruction）。除平衡图有折线型和指数型两种设计外，载重表、装机单的设计都比较统一。

第一节　载重表

载重表是旅客舱单、货邮舱单的汇总表，也是地面商务工作与空勤组之间交接的凭证。根据旅客舱单、货邮舱单编制的载重表是飞机载重的记录，主要是为了解决飞机的平衡配载，以及在保证飞机安全飞行的条件下提高运输经济效益。载重表作为航线统计的原始记录和随机文件的组成部分，由航站的商务、值机人员或者平衡人员填报，用作到达站核对签收载量的凭证。航线运输飞行结束后，即报送统计与财务部门，作为计算载运比和客座利用率、核算财务收入的根据。载重表一式三份，白色联起飞站留存，绿色联附在飞行任务书中上交给机组，红色联随航班送达到达站。载重表保存期限为 6 个月。航班的载重表反映的是航班飞机数据、装载数据的真实情况，是一份非常重要的随机业务文件和存档文件，每个航班都必须填制载重表。载重表要求用圆珠笔填写，需修改的内容应用横线划掉，在备用格重写，但只允许修改一次。

载重表必须按照规定的格式和要求填制，在以下介绍中将对其中部分详细说明。

图 6.1 为载重表的标准格式。

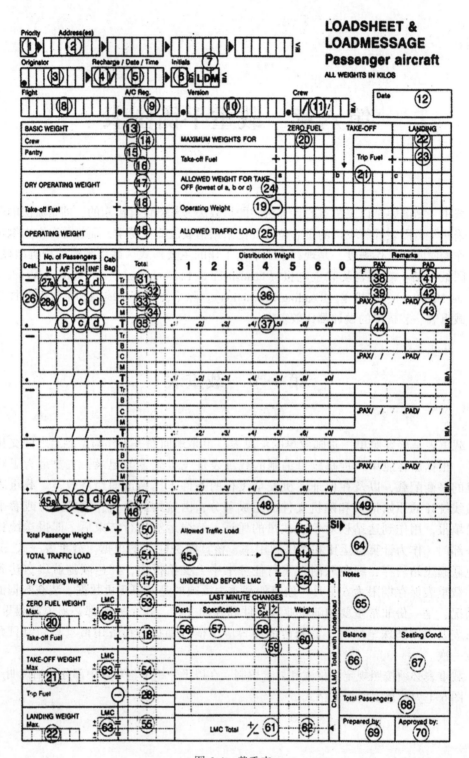

图 6.1 载重表

一、表头部分

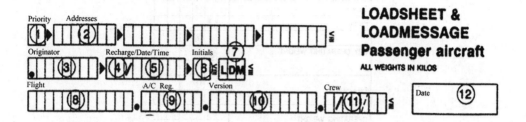

载重表的第一个填写部分是按标准载重电报的报头部分设计的，它反映的是航班配载平衡的责任部门和联系部门。由于手工载重平衡和计算机载重平衡都将再拍发一份载重电报，所以这部分有些项目在填制时可以有所省略。

第一部分　表头部分

序号	条目	说明	格式/例	备注
1	Priority	电报等级代号	QU 或 QX	
2	Addresses	收电地址，载重报收电部门七字地址	FRAKLLH	
3	Originator	发电地址，本站发电部门	LISKLTP	
4	Recharge	执行该航班任务的航空公司两字代码	AF	
5	Date/Time	日期时间组	120830	24 小时制
6	Initials	发电人代号		可省略
7	LDM	载重电报识别代号	LDM	
8	Flight	航班号/日期	LH402/06	
9	A/C. Reg.	飞机注册编号	B-2923	
10	Version	飞机座位布局	Y148	
11	Crew	机组人数，如，驾驶舱机组数/客舱机组数	3/5	
12	Date	制表日期	15OCT11	当地日期

二、操作重量计算

BASIC WEIGHT		⑬			
Crew			⑭		
Pantry		⑮			
			⑯		
DRY OPERATING WEIGHT		⑰			
Take-off Fuel	**+**		⑱		
OPERATING WEIGHT		⑲			

操作重量计算部分的目的是修正飞机的基本重量，计算出操作重量，为求算飞机最大业载做准备。

第二部分　操作重量计算

序号	条目	说明	格式/例	备注
13	Basic Weight	飞机的基本重量	32944	
14	Grew	增减空勤成员重量		其重量区别于旅客重量
15	Pantry	食品舱外增减的厨房用品重量		
16		备用栏		
17	Dry Operating Weight	修正后的基本重量，序号第13、14、15项的总和		
18	Take-off Fuel	总加油量减去起飞前要用掉的油量		
19	Operating Weight	操作重量，序号第17、18项的数量之和		

三、允许业务载量的计算

		ZERO FUEL		TAKE-OFF	LANDING	
MAXIMUM WEIGHTS FOR		⑳			㉒	
Take-off Fuel	+	⑱		Trip Fuel	㉓	+
ALLOWED WEIGHT FOR TAKE-OFF (Lowest of a ,b or c) ㉔	a		b ㉑		c	
Operating Weight ⊖		⑲				
ALLOWED TRAFFIC LOAD ㉕						

通过计算最大业载的三个公式，求算本航班的最大允许业务载量。

第三部分　允许业务数量计算

序号	条目	说明	格式/例	备注
20	Maximum Weight for Zero Fuel	最大无油重量，填写该机型技术性能规定的最大无油重量		
21	Maximum Weight for Take-off	最大起飞重量，填写该机型技术性能规定的最大起飞重量		
22	Maximum Weight for Landing	最大落地重量，填写该机型技术性能规定的最大落地重量		
23	Trip Fuel	航段耗油量，即飞机从本站起飞至下一到达航站耗油量		
24	Allowed Weight For Take-off	允许起飞重量，使用本项 a，b，c 中最小值		
25	Allowed Traffic Load	可用业载，第 24 项（最小值）减去 19 项		

四、各站的载量情况和总业载

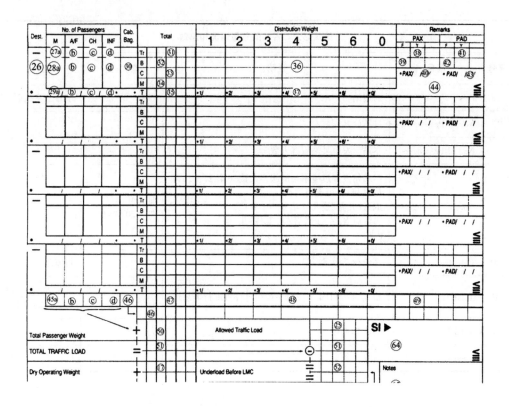

各站的载量和总数部分反映的是本次航班业载的具体装载情况。行李、货邮的装载位置始终要遵循下列原则：

（1）除了满足飞机的载重平衡和结构强度限制以外，装载业载时要保证各到达站（尤其对于多航段航班）装卸处理迅速方便。

（2）对于多航段航班来说，到达不同航站的业载必须容易辨认，为此有时在中途站需要部分地重装业载以保证飞机平衡和方便下站的装卸。

（3）装载业载的顺序［先装货邮，再装行李；货邮装里，行李装外（靠舱门）；远航段装里，近航段装外］应与业载到达站卸载的顺序相反。所有站都应注意这一点，以保证在下一站卸载方便迅速。为了保证装载顺序，在空间允许时，中途站必须把本站装入的业载与到达相同目的站的过站业载堆放在一起，为此有时需要重新堆放过站业载。

（4）装机时，行李应该最后装机以便到达目的站后最先卸下来，尽快交给旅客。因此当行李较多时，如将到达下站的行李分装在两个货舱内可能更好，这样可以加速行李的卸机。

（5）对于免费载运的业载，除属于紧急或贵重物品外，应放在易取出的位置，以便必要时取出。

（6）重要旅客（VIP）的行李应放在易于取出的地方（如舱门附近）并作明显标记，以便到达目的站后首先卸机交给旅客。

第四部分　各站的载量情况和总数

序号	条目	说明	格式/例	备注
26	Dest.	到达站	CTU	填写三字代码
27	No. of Passengers	过站旅客人数		
28	No. of Passengers	本站出发至某站旅客人数		
29	No. of Passengers	本站始发和过境本站的旅客人数（第27、28项目总和），可选格式： 成人/儿童/婴儿（填b，c，d栏） 男性旅客/女性旅客/儿童/婴儿（填a，b，c，d栏）	如：40/4/4 如：20/20/0/4	
30	Cab Bag	客舱行李重量		可省略
31	Total Tr	根据前站 LDM 报或舱单填写过境货邮行等总量		此栏也用于填集装器的自重
32	Total B	行李总重量		
33	Total C	货物总重量		

续表

序号	条目	说明	格式/例	备注
34	Total M	邮件总重量		
35	Total T	某到达站货邮行重量小计（第31~34项总和）		
36	Distribution Weight	各个舱位装载分布（包括过境和本站始发）		
37		各舱位装载重量小计		
	Remarks	备注栏		
38	PAX	旅客（过境）舱位等级总人数		
39		旅客（出发）舱位等级总人数		
40	. PAX/	旅客占座情况（第38、39项之和）		
41	PAD	可拉下旅客（过境）舱位等级		
42		可拉下旅客（出发）舱位等级		
43	. PAD/	可拉下旅客的占座情况		
44		附加备注		
45		旅客总数		
46		客舱行李总数	可省略	
47		货邮行李重量（死重量）		
48		各舱位全部装载重量		
49		各等级占座旅客人数		
50	Total Passenger Weight	旅客总重量		
51	TOTAL TRAFFIC LOAD	实际业载		
52	UNDERLOAD	剩余业载（在LMC之前）		

五、实际重量数据的计算

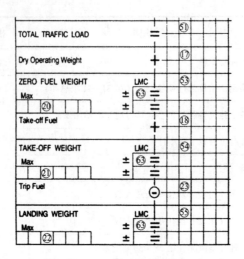

实际重量数据包括实际无油重量、实际起飞重量、实际落地重量。实际重量数据计算栏用于计算本次航班的实际无油重量、实际起飞重量、实际落地重量的数据。

第五部分 实际重量数据的计算

序号	条目	说明	格式/例	备注
53	ZERO FUEL WEIGHT	实际无油重量，第 17、51 项之和		
54	TAKE-OFF WEIGHT	实际起飞重量，第 18、51 项之和		
55	LANDING WEIGHT	实际落地重量，第 54 项减去 23 项		

六、最后一分钟修正（LMC—LAST MINUTE CHANGES）

当载重表已经完成后又有加载或减载的旅客（不超过 5 人）或货物（不超过 500 kg）等，需要在最后一分钟修正栏填写。

第六部分　最后一分钟修正（LMC）

序号	条目	说明	格式/例	备注
56	Dest.	到达站		三字代码
57	Specification	发生变更的项目		
58	Cl/cpt	变更项目的等级/舱位		
59	+/-	变更项目的加或减		
60	Weight	变更项目重量		
61	LMC Total +/-	最后修正（增或减）		
62	LMC Total Weight	最后修正总计		
63	LMC	最后修正总计		

七、补充信息和注意事项

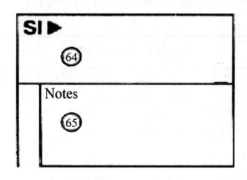

补充信息和注意事项填写本次航班需要特别说明的事项，如需要特别说明的飞机修正后的基本重量 BW，修正后的基本重量指数 BI，特殊物品装载重量、件数和装机位置，特殊旅客座位、行李，飞机重心偏前或偏后提示，加尾撑杆等。

第七部分　补充信息和注意事项

序号	条目	说明	格式/例	备注
64	SI	补充信息（自由格式）		
65	Notes	注意事项（不需要在载重报显示）		

八、平衡与占座情况

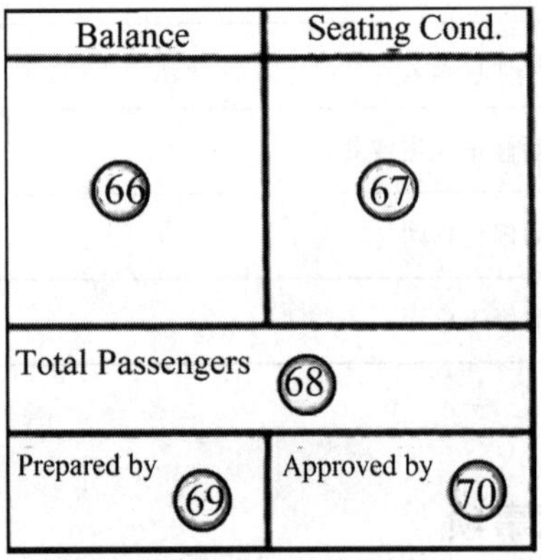

Balance	Seating Cond.
66	67
Total Passengers 68	
Prepared by 69	Approved by 70

平衡与占座情况反映的是航班的平衡状态和旅客占座情况。

第八部分　平衡与占座情况

序号	条目	说明	格式/例	备注
66	Balance	根据要求填写飞机平衡状态，如：无油重心/起飞重心/落地重心，水平尾翼配平等		
67	Seating Cond.	占座情况		
68	Total Passengers	（实际登机的）旅客总数，第 45 项 a，b，c，d 和 LMC 项的合计		
69	Prepared by	制表人签字		
70	Approved by	机长签字		

填写完的载重表样例如图 6.2 所示。

A320 - 214
LOAD SHEET AND LOAD MESSAGE

DATE: 15AUG08

ADDRESS	ORIGINATOR	LDM	FLT/DATE	A/C REG	CONF	CREW
TAO HRB	NKG		MU /2701	B-2362	F8Y150	CAPT PLUS 3/5

	INDEX		MAXIMUM WT FOR →	ZERO FUEL	TAKE-OFF	LANDING
BASIC OPTG WT				6 1 0 0 0		6 4 5 0 0
CORRECTIONS + / + / +			TAKE-OFF FUEL	8 5 0 0	TRIP FUEL	3 0 0 0
DRY OPERATING WEIGHT	4 3 7 8 5	57.58	ALLOWED WEIGHT FOR TAKE-OFF (LOWEST of a, b, or c)	a 6 9 5 0 0	b 7 7 0 0 0 c	6 7 5 0 0
TAKE-OFF FUEL	8 5 0 0		OPERATING WEIGHT			5 2 2 8 5
OPERATING WT	5 2 2 8 5		ALLOWED PAYLOAD			1 5 2 1 5

	NO. OF PSGR				LOAD DISTRIBUTION					PIECE					REMARKS
DEST	ADLT	CHD	INF	TOTAL WEIGHT	1	3	4	5	0	F	Y	B	C	M	
				Tr											
				ULD											
				B											
				C											
				M											
				T	1	3	4	5	0	F	Y	B	C	M	
				Tr											
				ULD											
				B											
				C											
				M											
				T	1	3	4	5	0	F	Y	B	C	M	
				Tr											
TAO	31	01	00	ULD											
				B	3 2 0		320								
				C	1 1 5 0			1150							
				M	5 0			50							
	31	01	00	T 1 5 2 0	1	3 320	4 1150	5 50	0	F	Y	B	C	M	
				Tr											
HRB	34	02	00	ULD											
				B	3 2 9		329								
				C	1 7 6 9	1769									
				M	6 6			66							
	34	02	00	T 2 1 6 4	1 1769	3 329	4	5 66	0	F	Y	B	C	M	
TOTAL	65	03	00	3 6 8 4	1769	649	1150	116							

PSGR WT	4 7 8 8	
TOTAL PAYLOAD	8 4 7 2	
DRY OPERATING WT	4 3 7 8 5	
ZERO FUEL WT	5 2 2 5 7	
TAKE-OFF FUEL	8 5 0 0	
TAKE-OFF WT	6 0 7 5 7	
TRIP FUEL	3 0 0 0	
LANDING WT	5 7 7 5 0	

LAST MINUTES CHANGES

DEST	NO. OF PSGR	CLASS	B.C.M.	HOLD
+	+		+	+
+	+		+	+
+	+		+	+

PREPARED BY

ALLOWED PAYLOAD	1 5 2 1 5	
TOTAL PAYLOAD	8 4 7 2	
UNDERLOAD	6 7 4 3	
CAPTAIN		

BALANCE-CHART-A320-CH MA-EASTERN-A320-214-CES

图 6.2　填写完的载重表样例

图 6.3 为指数型载重表。

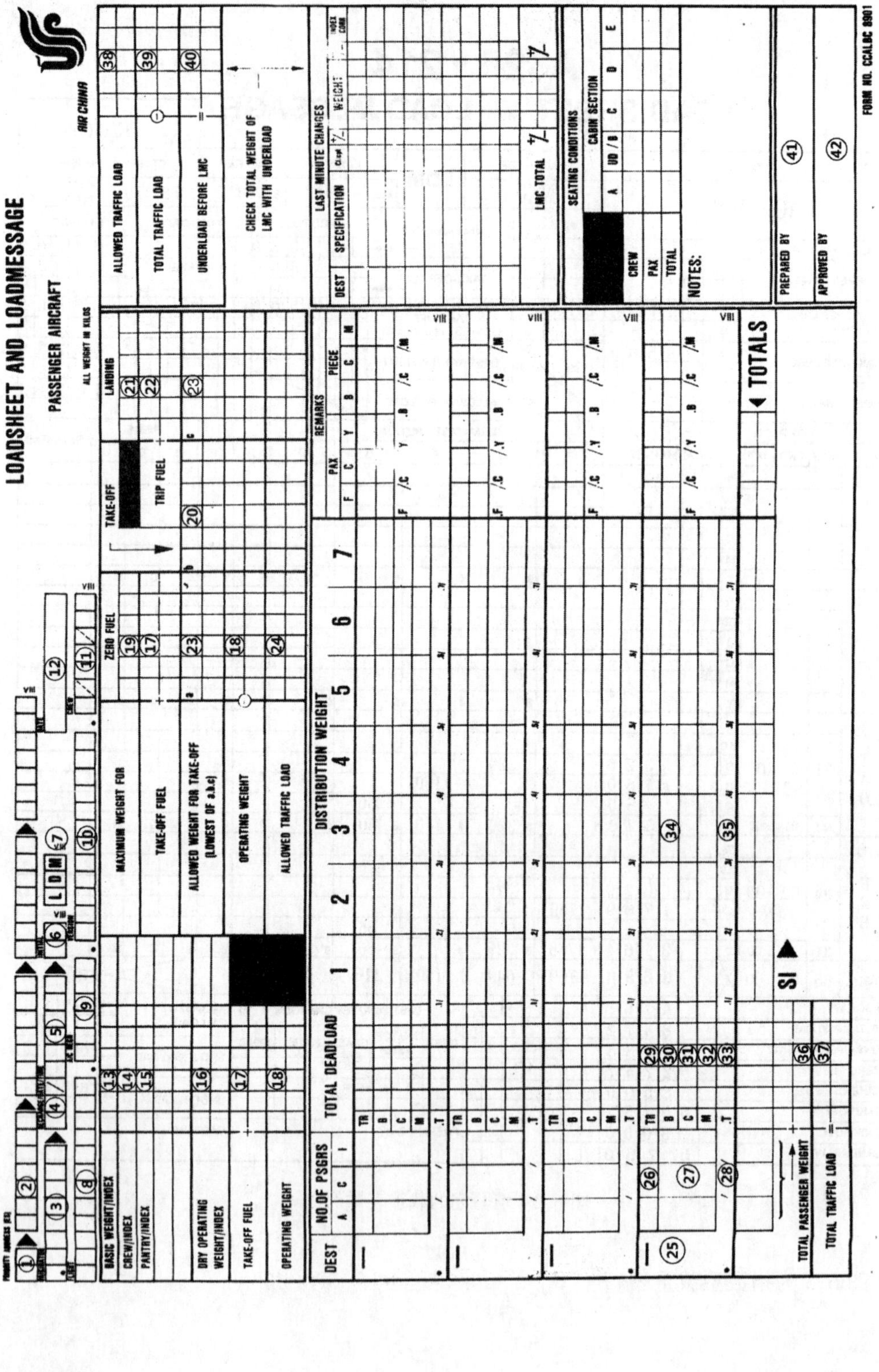

LOADSHEET AND LOADMESSAGE
PASSENGER AIRCRAFT
ALL WEIGHT IN KILOS
AIR CHINA

PRIORITY ADDRESS (ES) ① ② ③ ④ ⑤ ⑥ L D M ⑦ ⑧ ⑨ ⑩ ⑪ ⑫

BASIC WEIGHT/INDEX ⑬	MAXIMUM WEIGHT FOR	ZERO FUEL ⑲	TAKE-OFF	LANDING ㉑
CREW/INDEX ⑭	TAKE-OFF FUEL	⑰	TRIP FUEL	㉒
PANTRY/INDEX ⑮	ALLOWED WEIGHT FOR TAKE-OFF (LOWEST OF a.b.c)	a ㉓	b ⑳	c ㉓
DRY OPERATING WEIGHT/INDEX ⑯	OPERATING WEIGHT	⑱		
TAKE-OFF FUEL ⑰	ALLOWED TRAFFIC LOAD	㉔		
OPERATING WEIGHT ⑱				

ALLOWED TRAFFIC LOAD	㊳
TOTAL TRAFFIC LOAD	㊴
UNDERLOAD BEFORE LMC	㊵
CHECK TOTAL WEIGHT OF LMC WITH UNDERLOAD	

DEST	NO.OF PSGRS A C I	TOTAL DEADLOAD	DISTRIBUTION WEIGHT 1 2 3 4 5 6 7	REMARKS PAX F C Y	PIECE B C M
㉕	㉖ ㉗ ㉘	TR B C M .T ㉙ ㉚ ㉛ ㉜ ㉝	㉞ ㉟	.F /.C /.Y	.B /.C /.M
TOTAL PASSENGER WEIGHT ㊱			SI		◄ TOTALS
TOTAL TRAFFIC LOAD ㊲					

LAST MINUTE CHANGES				
DEST	SPECIFICATION	CL/CPT	+/- WEIGHT	INDEX CORR
LMC TOTAL			+/-	+/-

SEATING CONDITIONS	CABIN SECTION A	UD/B	C	D	E
CREW					
PAX					
TOTAL					

NOTES:

PREPARED BY ㊶

APPROVED BY ㊷

FORM NO. CCALBC 8901

图6.3 指数型载重表

指数型载重平衡图表的载重表各项目说明如表 6-1 所示。

表 6-1　指数型载重平衡图表的载重表各项目说明

序号	条目	说明	备注
1	Priority	电报等级代号	
2	Address	收报地址	
3	Originator	发报地址本站发报部门	
4	Recharge	电报拍发的委托人（付费人）	
5	Date/Time	日期时间组	
6	Initials	发报人代号	可以省略
7	LDM	载重电报识别代号	
8	Flight	航班号	
9	A/C Reg.	飞机注册号	
10	Version	飞机座位布局	
11	Crew	机组人数	
12	Date	制表时间	
13	Basic Weight/Index	飞机的基本重量和对应指数	
14	Crew/Index	机组成员的重量和对应指数	
15	Pantry/Index	配餐重量和对应指数	
16	Dry Operating Weight	修正后的基本重量	13、14、15 项之和
17	Take-off Fuel	起飞油量	不包括滑行耗油
18	Operating Weight	操作重量	17、18 项之和
19	Maximum Weight for Zero Fuel	最大无油重量	
20	Maximum Weight for Take-off	最大起飞重量	
21	Maximum Weight for Landing	最大落地重量	
22	Trip Fuel	航段耗油量	

序号	条目	说明	备注
23	Allowed Weight for Take-off	允许起飞重量	选择 a，b，c 中的最小值
24	Allowed Traffic Load	允许业载	第 23 项减去第 18 项
25	Dest.	到达站三字代码	
26	NO. OF PSGRS	过站旅客人数	
27	NO. OF PSGRS	本站始发人数	
28	NO. OF PSGRS	过站和始发人数总和	
29	Total Deadload TR	过站货邮行总重	
30	Total Deadload B	行李总重	
31	Total Deadload C	货物总重	
32	Total Deadload M	邮件总重	
33	Total Deadload T	重量总和	29~32 项之和
34	Distribution Weight	各舱位装载分布	
35	Distribution Weight	各舱位重量小计	
36	Total Passenger Weight	旅客总重量	
37	Total Traffic Load	实际业载	
38	Allowed Traffic Load	允许业载	
39	Total Traffic Load	实际业载	
40	Underload Before LMC	剩余业载	38 项减去 39 项
41	Prepared by	制表人签字	
42	Approved by	检查人或机长签字	

填写完的载重表样例如图 6.4 所示。

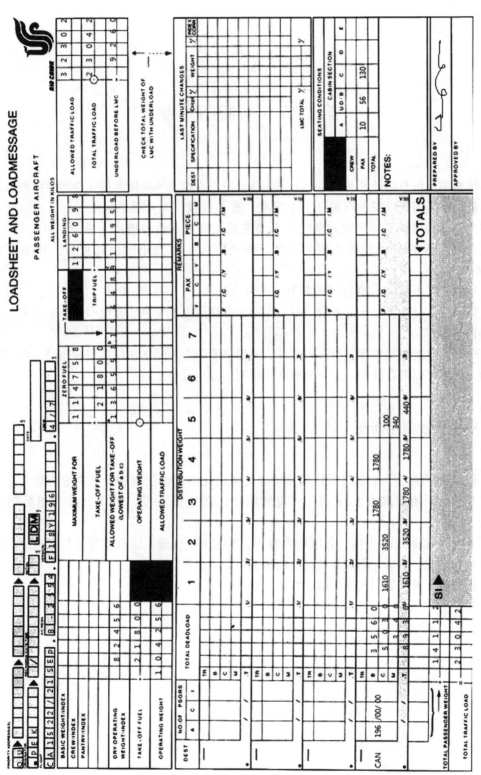

图6.4　填写完的载重表样例

第二节　平衡图填制

平衡图是指数法计算飞机重心的图表化，所以在填制平衡图时应完全遵照指数法原理。载重平衡图是以操作空重（基本重量）重心指数作为计算的起点，也就是以此数据作为基数，填制平衡图的过程实际上要完成飞机总重量的指数（总力矩）的计算，以及查表获得%MAC和配平值的工作。查表隐含了总力矩除以总重量，和换算成%MAC的过程。

平衡图应用圆珠笔填制。平衡图一式两份或三份。一份交机组，一份填制部门留存，如有必要，一份装入业务袋。平衡图的保存期限为6个月，且应和同一航班载重表保存在一起。

平衡图有折线型和指数型两种设计，每份平衡图上表明适用的机型和布局，各种型号的飞机不可以混合使用。以下分别介绍填制的方法及要求。

一、折线型平衡图

折线型平衡图，是通过折线的移动来计算出无油重量指数和起飞重量指数。这也是它与指数平衡图最大的区别。折线型图纸比较直观方便，但误差要比指数型图纸大。

下面以A320-214为例，介绍折线型平衡图的填制步骤。该机型为散装客机。在填制平衡图之前，要事先填制好该机型的装机单和载重表。

折线型平衡图如图6.5所示。

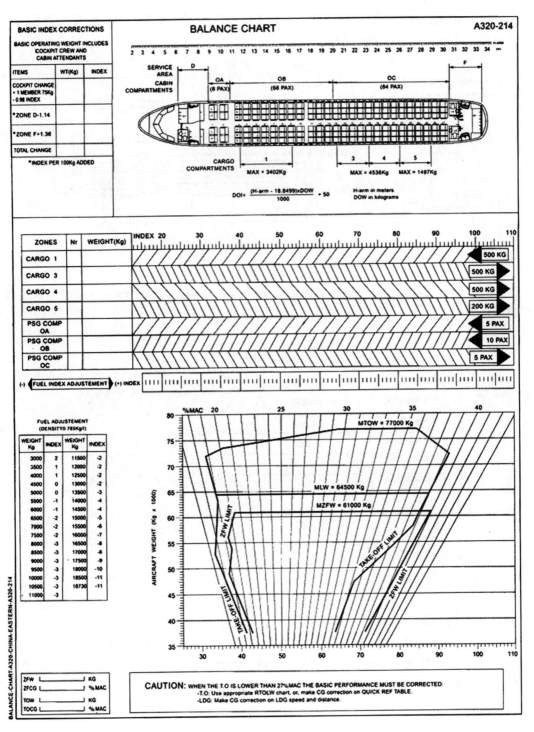

图 6.5　折线型平衡图

平衡图填制步骤：

（1）首先，我们在平衡图上可以看到飞机座位布局、要求修正后的基重指数 DOI 计算公式和修正后的基本重量 DOW。

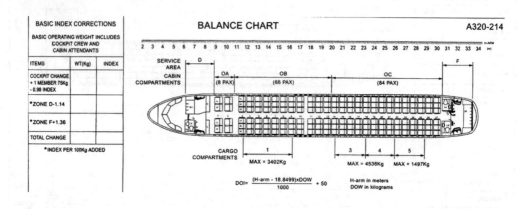

（2）根据业载的安排情况把各舱的业载填入相应的栏目内。该部分根据载重表填制信息填写。

ZONES	Nr	WEIGHT(Kg)	INDEX 20 30 40
CARGO 1		1769	
CARGO 3		649	
CARGO 4		1150	
CARGO 5		116	
PSG COMP OA	7		
PSG COMP OB	25		
PSG COMP OC	36		

（3）根据各舱安排情况用折线法计算飞机重心。

首先，在指数标尺（Index）上找到修正后的基重指数（DOI = 57.58）和第一组斜线的交点，从这个交点开始移动。如，1 舱的载量为 1769 kg，即向左，该舱位每装 500 kg 移动一个格，共移动 3.5 格。3 舱向右移动 1.3 个格，4 舱向右移动 2.3 个格，5 舱向右移动 0.6 个格。OA 舱、OB 舱、OC 舱均为客舱，OA 舱有 7 名旅客，即向左每 5 个人（5PAX）移动一个格，共移动 1.4 个格。以此类推，就可以得到重心最后停留位置。该位置就是无油重量指数线位置。

ZONES	Nr	WEIGHT(Kg)		
CARGO 1		1769		500 KG
CARGO 3		649		500 KG
CARGO 4		1150		500 KG
CARGO 5		116		200 KG
PSG COMP OA	7			5 PAX
PSG COMP OB	25			10 PAX
PSG COMP OC	36			5 PAX

（4）当业载装载位置安排完成后，从最后一个移动的位置画一条垂线到表的底部。这条线就是无油重量（DOW+PAYLOAD）的指数线。再从平衡图左侧位置油量表中查出起飞油量的指数，该飞机起飞油量 8500 kg，查表得到起飞油量指数为–3，由无油重量的指数点开始向前移动 3 个格，得到第二条垂线，这就是起飞重量（DOW+PAYLOAD+TOF）的指数线。从标尺上找到无油重量和起飞重量的水平线与两条垂直的指数线相交，即得到无油重心和起飞重心的%MAC 值。

FUEL ADJUSTEMENT
(DENSITY0.785Kg/l)

WEIGHT Kg	INDEX	WEIGHT Kg	INDEX
3000	2	11500	-2
3500	1	12000	-2
4000	1	12500	-2
4500	0	13000	-2
5000	0	13500	-3
5500	-1	14000	-4
6000	-1	14500	-4
6500	-2	15000	-5
7000	-2	15500	-6
7500	-2	16000	-7
8000	-3	16500	-8
8500	-3	17000	-8
9000	-3	17500	-9
9500	-3	18000	-10
10000	-3	18500	-11
10500	-3	18730	-11
11000	-3		

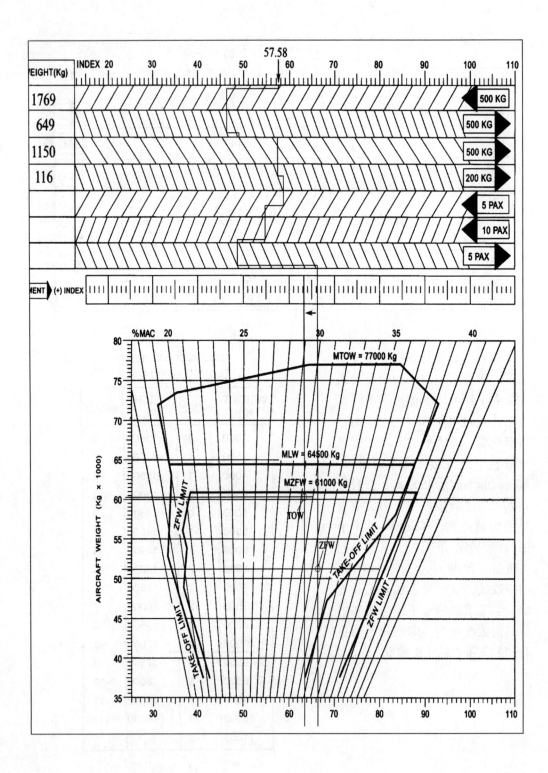

（5）表中的%MAC数字从18至43顺着数据线的方向，ZFW和TOW可对应找到相应的%MAC数据。重心区域内的横线表示重量限制（包括无油重量上限MZFW、落地重量上限MLW和起飞重量上限MTOW），左边边线表示重心前极限，右边边线表示重心后极限，飞机的重心应落在这个范围内。

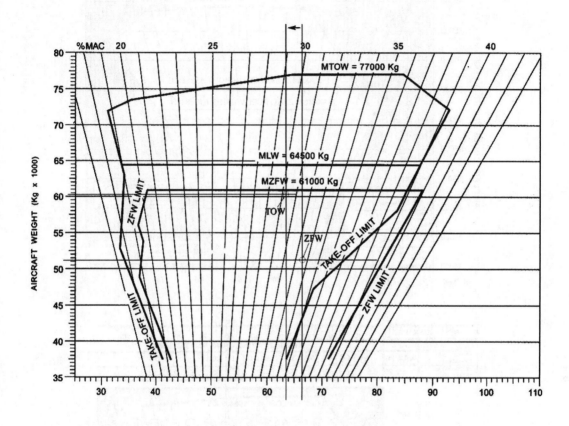

（6）确定重心和配平格。A320-214机型的平衡图不需要这部分内容，因此未出现该部分。有的机型的配平可以在平衡图的正面配平表（Stabilizer Trim Setting-Flaps）或反面的配平格表（Recommended Takeoff Stabilizer Setting Table）中查到。一般情况下，选用襟翼为1°&5°或按照公司规定选用。

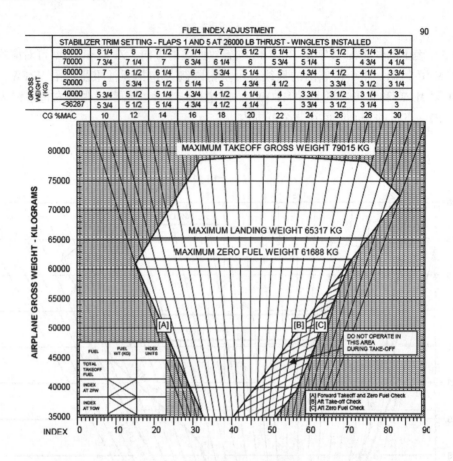

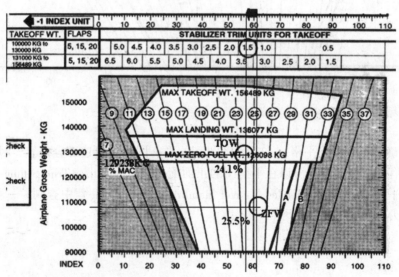

（7）其他。将起飞全重的重心位置、无油全重的重心位置、配平格填入指定位置（这部分在 A320-214 平衡图的左下角位置）。

ZFW	52257	KG
ZFCG	32.5	% MAC
TOW	60757	KG
TOCG	30.3	% MAC

填写完的 A320-200 平衡图样例如图 6.6 所示。

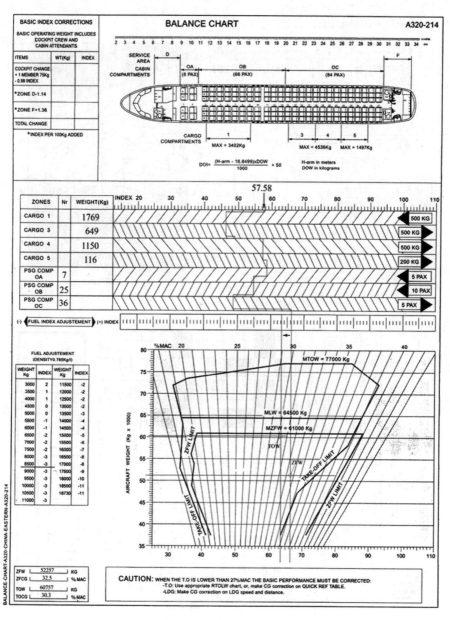

图 6.6　填写完的 A320-200 平衡图样例

二、指数型平衡图

指数型平衡图通过指数的加减得出无油重量指数和起飞重量指数。下面以B767-200B为例，介绍指数型平衡图的填制方法。

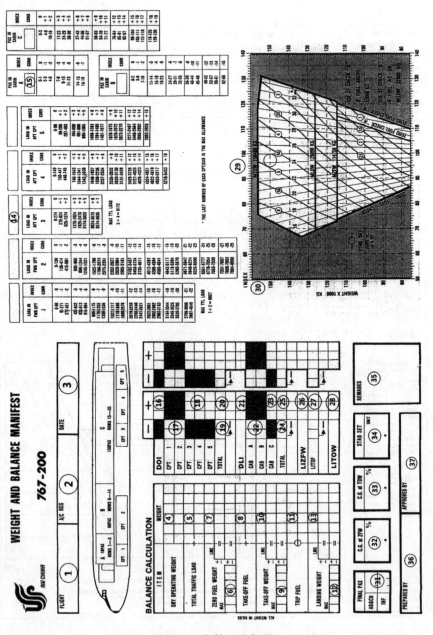

图 6.7　指数型平衡图

指数型平衡图各项说明如表 6-2 所示。

表 6-2 指数型平衡图各项说明

序号	条目	说明	备注
1	FLIGHT	航班号	
2	A/C REG.	飞机注册号	
3	DATE	日期	
4	DRY OPERATING WEIGHT	修正后基本重量	
5	TOTAL TRAFFIC LOAD	实际业载	
6	ZERO FUEL WEIGHT MAX	最大无油重量	
7	ZERO FUEL WEIGHT	实际无油重量	第4项和第5项之和
8	TAKE-OFF FUEL	起飞油量	
9	TAKE-OFF WEIGHT MAX	最大起飞重量	
10	TAKE-OFF WEIGHT	实际起飞重量	第7项和第8项之和
11	TRIP FUEL	航段耗油	
12	LANDING WEIGHT MAX	最大落地重量	
13	LANDING WEIGHT	实际落地重量	第10项减去第11项
14	CPT INDEX	货舱重量影响指数	
15	PAX INDEX	客舱人数影响指数	
16	DOI	修正后基重指数	
17	CPT –	货舱指数负数值	
18	CPT +	货舱指数正数值	
19	TOTAL –	指数负数值总和	
20	TOTAL +	指数正数值总和	
21	DLI	死重量指数	第18项减去第19项
22	CAB –	客舱指数负数值	
23	CAB +	客舱指数正数值	
24	TOTAL –	指数负数值总和	
25	TOTAL +	指数正数值总和	

续表

序号	条目	说明	备注
26	LIZFW	无油重量指数	第23项减去第24项
27	LITOF	起飞油量指数	
28	LITOW	起飞重量指数	第25项减去第26项
29	INDEX	指数坐标	根据指数和重量的值画出 ZFW 和 TOW 的重心
30	WEIGHT	重量坐标	
31	FINAL PAX	成人/儿童/婴儿人数	
32	C. G at ZFW	ZFW 的重心值	
33	C. G at TOW	TOW 的重心值	
34	STAB SET	配平值	
35	REMARKS	备注	
36	PREPARED BY	制表人签字	
37	APPROVED BY	检查人或机长签字	

平衡图填制步骤：

（1）根据载重表中数据修正后的基本重量和实际业载计算出飞机的实际无油重量、实际起飞重量和实际落地重量。

BALANCE CALCULATION

ITEM	WEIGHT
DRY OPERATING WEIGHT	8 2 4 5 6
TOTAL TRAFFIC LOAD +	2 3 0 4 2
ZERO FUEL WEIGHT LMC 1	1 0 5 4 9 8
MAX 1 1 4 7 5 8	
TAKE-OFF FUEL +	2 1 8 0 0
TAKE-OFF WEIGHT LMC 1	1 2 7 2 9 8
MAX 1 5 6 4 8 9	
TRIP FUEL ⊖	1 3 5 0 0
LANDING WEIGHT LMC 1 1	1 3 7 9 8
MAX 1 2 6 0 9 8	

ALL WEIGHT IN KILOS

（2）根据载重表中货物的舱位安排和旅客人数的舱位分布将相应的数值填写在指数计算栏中，根据数值找出相对应的指数并划出。（货物重量分配不能超过各舱位限制重量和联合限制重量，旅客人数分配不得超过客舱人数限制。这些工作需要在实际操作中积累经验反复实践才能熟练掌握。）

1610

LOAD IN FWD CPT 1	INDEX CORR
0-90	0
91-271	-1
272-451	-2
452-632	-3
633-813	-4
814-994	-5
995-1175	-6
1176-1355	-7
1356-1536	-8
1537-1717	-9
1718-1898	-10
1899-2078	-11
2079-2259	-12
2260-2440	-13
2441-2621	-14
2622-2801	-15
2802-2982	-16
2983-3163	-17
3164-3344	-18
3345-3525	-19
3526-3705	-20
3706-3886	-21
3887-4049	-22

MAX TTL LOAD 1+2=9807

3520

LOAD IN FWD CPT 2	INDEX CORR
0-138	0
139-414	-1
415-691	-2
692-968	-3
969-1244	-4
1245-1521	-5
1522-1798	-6
1799-2074	-7
2075-2351	-8
2352-2627	-9
2628-2904	-10
2905-3181	-11
3182-3457	-12
3458-3734	-13
3735-4011	-14
4012-4287	-15
4288-4564	-16
4565-4841	-17
4842-5117	-18
5118-5394	-19
5395-5670	-20
5671-5947	-21
5948-6224	-22
6225-6500	-23
6501-6777	-24
6778-7054	-25
7055-7330	-26
7331-7607	-27
7608-7883	-28
7884-8098	-29

1780

LOAD IN AFT CPT 3	INDEX CORR
0-274	0
275-824	+1
825-1374	+2
1375-1924	+3
1925-2473	+4
2474-3023	+5
3024-3573	+6
3574-3635	+7

MAX TTL LOAD 3+4=8172

1780

LOAD IN AFT CPT 4	INDEX CORR
0-149	0
150-447	+1
448-745	+2
746-1043	+3
1044-1341	+4
1342-1639	+5
1640-1937	+6
1938-2236	+7
2237-2534	+8
2535-2832	+9
2833-3130	+10
3131-3428	+11
3429-3725	+12
3727-4025	+13
4026-4323	+14
4324-4621	+15
4622-4919	+16
4920-5217	+17
5218-5453	+18

440

LOAD IN AFT CPT 5	INDEX CORR
0-98	0
99-296	+1
297-493	+2
494-690	+3
691-888	+4
889-1085	+5
1086-1283	+6
1284-1480	+7
1481-1677	+8
1678-1875	+9
1876-2072	+10
2073-2270	+11
2271-2467	+12
2468-2664	+13
2665-2862	+14
2863-2926	+15

PAX IN CABIN A — **10**

PAX	INDEX CORR
0-1	0
2-3	-1
4-6	-2
7-8	-3
9-10	-4
11-13	-5
14-15	-6
16-18	-7

PAX IN CABIN B — **56**

PAX	INDEX CORR
0-2	0
3-6	-1
7-10	-2
11-14	-3
15-18	-4
19-23	-5
24-27	-6
28-31	-7
32-35	-8
36-39	-9
40-44	-10
45-48	-11
49-52	-12
53-57	-13
58-61	-14
62-66	-15

PAX IN CABIN C — **130**

PAX	INDEX CORR
0-3	0
4-9	+1
10-16	+2
17-23	+3
24-29	+4
30-36	+5
37-43	+6
44-50	+7
51-57	+8
58-63	+9
64-70	+10
71-77	+11
78-84	+12
85-91	+13
92-97	+14
98-104	+15
105-111	+16
112-118	+17
119-125	+18
126-130	+19

* THE LAST NUMBER OF EACH CPT/CAB IS THE MAX ALLOWANCE

（3）计算总指数。DOI 是修正后的基本重量指数，CPT 1~5 填写货舱对应指数，DOI 和这些指数相加减后得出 DLI（死重量指数）。CAB A~C 填写客舱对应指数，和DLI 相加减后得出 LIZFW（无油重量指数），再查出 LITOF（起飞油量指数，在平衡表背面），即可得出起飞重量指数。（计算时注意指数的正负。）

	−		+			−	+
DOI			9	7			
CPT 1		9					
CPT 2	1	3					
CPT 3				3			
CPT 4				6			
CPT 5				2			
TOTAL	2 2	1	0	8			
→−			2	2		→−	
DLI			8	6			
CAB A		4					
CAB B	1	3					
CAB C			1	9			
TOTAL	1 7	1	0	5			
→−			1	7		→−	
LIZFW			8	8			
LITOF		3					
→−				3		→−	
LITOW			8	5			

TOTAL FUEL INDEX TABLE

WT − KG	INDEX	WT − KG	INDEX	WT − KG	INDEX	WT − KG	INDEX	WT − KG	INDEX
500	0	13000	-4	25500	-1	37000	+16	49500	+6
1000	-1	13500	-4	26000	-1	37500	+15	50000	+6
1500	-1	14000	-4	26500	0	38000	+15	50500	+5
2000	-1	14500	-4	27000	0	38500	+14	51000	+5
2500	-1	15000	-4	27500	+1	39000	+14	51500	+4
3000	-1	15500	-4	28000	+1	39500	+14	52000	+4
3500	-2	16000	-4	28500	+2	40000	+13	52500	+4
4000	-2	16500	-4	29000	+2	40500	+13	53000	+3
4500	-2	17000	-4	29500	+3	41000	+13	53500	+3
5000	-2	17500	-4	30000	+3	41500	+12	54000	+2
5500	-2	18000	-4	30500	+4	42000	+12	54500	+2
6000	-3	18500	-4	31000	+5	42500	+11	55000	+2
6500	-3	19000	-4	31500	+5	43000	+11	55500	+1
7000	-3	19500	-4	32000	+6	43500	+11	56000	+1
7500	-3	20000	-4	32500	+7	44000	+10	56500	0
8000	-3	20500	-4	33000	+8	44500	+10	57000	0
8500	-3	21000	-4	33500	+9	45000	+9	57500	0
9000	-3	21500	-3	34000	+10	45500	+9	58000	-1
9500	-4	22000	-3	34500	+11	46000	+9	58500	-1
10000	-4	22500	-3	35000	+12	46500	+8	59000	-2
10500	-4	23000	-3	35500	+13	47000	+8	59500	-2
11000	-4	23500	-2	36000	+14	47500	+7	60000	-2
11500	-4	24000	-2	36500	+15	48000	+7	60500	-3
12000	-4	24500	-2	*36764	+16	48500	+7	61000	-3
12500	-4	25000	-1	FULL MAIN TANKS		49000	+6	61500	-4
								61929	-4

（4）确定重心的%MAC。根据无油重量和它的指数在平衡图中的交点位置可以得出无油重心的平均空气动力弦数（%MAC），根据起飞重量和它的指数在平衡图中的交点位置可以得出起飞重心的平均空气动力弦数（%MAC）。表中%MAC数字从16至32，顺着数据线的方向可对应找出%MAC数据。在重心区域中的横线表示重量限制（包括无油重量上限、落地重量上限和起飞重量上限）。

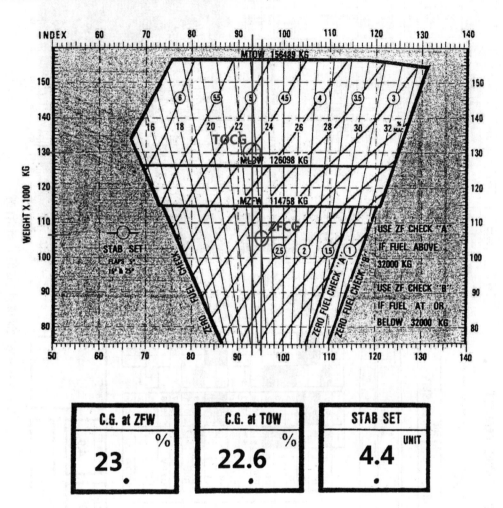

（5）确定配平值（Stab Trim）。配平值是水平安定面的调定位置，需要根据襟翼（Flaps）角度确定（襟翼角度的选择由航务部门确定），如果选择Flaps 5°、15°、25°，使用上图，根据起飞重量重心交点查出配平值为4.4。如果选择Flaps 1°使用平衡图反面的配平值表来确定，方法已在第五章介绍。

B767-200填制完成的平衡图样例如图6.8所示。

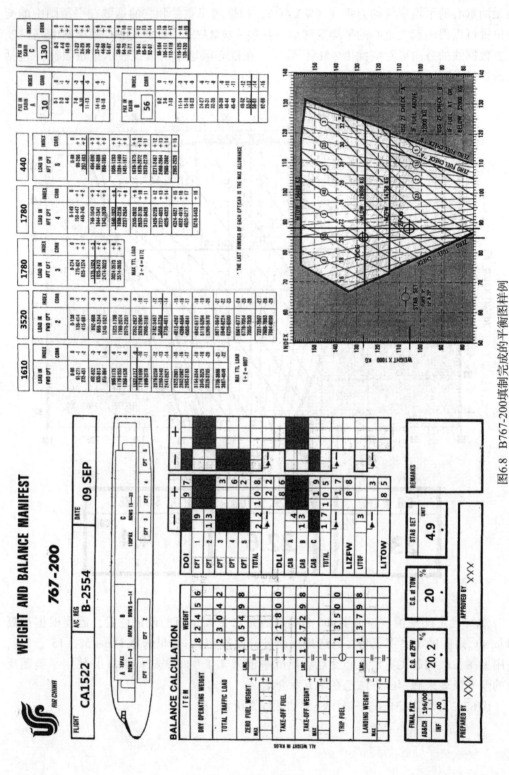

图6.8 B767-200填制完成的平衡图样例

第三节 装机单

装机单也称装载通知单或装机指示单，是装卸部门进行飞机装卸作业的依据。装机单由配载部门填制或在平衡部门依据重心要求的指示下填制。

飞机的装机单能反映飞机货舱的基本布局、舱门尺寸及各舱的最大载量和联合载量。特别是宽体飞机的货舱容积大，自动装卸程度高，对配载的要求严格。箱、板的放置位置必须符合装机指示的要求，避免飞机前后或左右装载不均。配载人员必须认真填写装机单，做到装机单各舱重量与实际装载相符，装卸人员必须严格按照装机单指示装卸。装机单一式三份，一份留存，一份交装卸部门，一份装入随机业务文件袋，留存期六个月。

货舱装载位置的确定应遵循以下原则：

（1）装载业载时始终要考虑到应保证各到达站（尤其对于多航段航班）装卸处理迅速方便。因为先装货邮后装行李，所以货邮装货舱里面行李装外面（靠门）；因为地面安全需要先装前舱后装后舱，所以通常货邮装前行李装后；因为经停站业载上下的需要，所以远航段装里近航段装外。

（2）装机时，行李应该最后装机以便到达目的站后最先卸下来，尽快交给旅客。因此当行李较多时，如将到达下站的行李分装在两个货舱内可能更好，这样可以加速行李的卸机。

（3）装载数量、重量的确定应考虑到货舱的载量限制，不得超过货舱最大载量限制和货舱联合载量限制。

（4）装机单有到达（Arrival）和始发（Departure）两部分。Arrival 供记录过境业载，Departure 在出港装载时使用。避免在同一位置出现重复装载情况。

（5）Special Instructions 是特别指令栏，填写配载人员和装载人员注意的事项。如改变集装设备的位置、特殊物品的说明等。

一、散装型装机单

散装型装机单如图 6.9 所示。其各项说明见表 6-3。

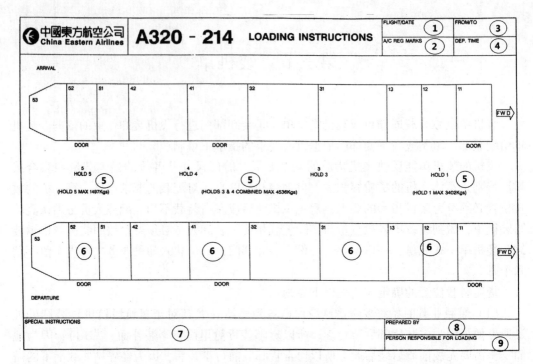

图 6.9 散装型装机单

表 6-3 散装型装机单各项说明

序号	条目	说明	格式/例	备注
1	FLIGHT/DATE	航班及日期	MU2701/15AUG	
2	A/C REG.	飞机注册号	B-2362	
3	FROM/TO	始发/终点站	NKG—TAO—HRB	
4	DEP. TIME	航班起飞时间		
5	HOLD 1 MAX 3402Kgs	各货舱最大载量		舱位最大装载限制
6	舱位	散货舱位置	1769K/C/HRB	没有装载，填写 NIL
7	SPECIAL INSTRUCTIONS	特别注意事项		
8	PREPARED BY	填表人签名		
9	PERSON RESPONSIBLE FOR LOADING	监装负责人		

已填制完成的 A320-214 装机单样例如图 6.10 所示。

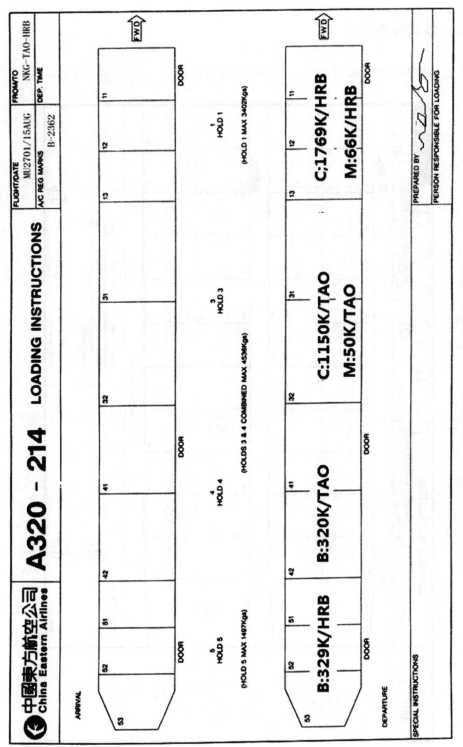

图6.10　已填制完成的A320-214装机单样例

二、集装型装机单

集装型装机单如图 6.11 所示。其各栏说明见表 6-4。

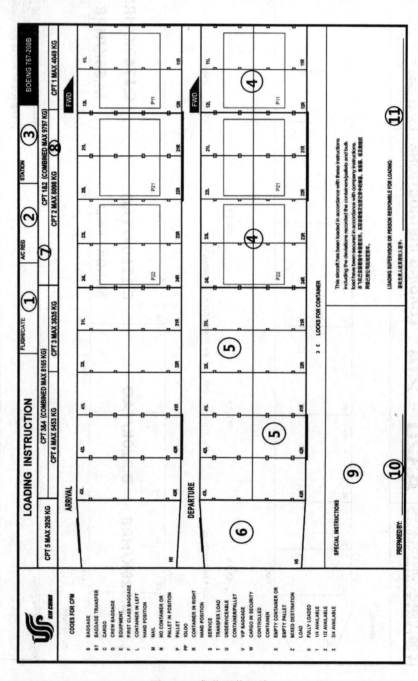

图 6.11　集装型装机单

表 6-4 各栏填写说明及要求

序号	条目	说明	格式/例	备注
1	FLIGHT DATE	航班及日期	CA917/15AUG	
2	A/C REG.	飞机注册号	B-2632	
3	STATION	装载航站	PEK	
4	P11	1 号舱第一板位置	PMC33541CA/1600K/C/SHA	
5	32R	3 号舱右边第二箱位置	DPE11201CA/540K/B/SHA	
6	H5	散货舱位置	1769/C/SHA	
7	CPT1 & CPT2 （COMBINED…9797K）	1 号和 2 号舱联合载量限制		限制条件
8	CPT2 MAX 8098K	2 号舱载量限制		限制条件
9	SPECIAL INSTRUCTIONS	特别注意事项	1 DOG IN BULK/12K	
10	PREPARED BY	填表人签名		
11	LOADING SUPERVISOR	监装人签名		

已填制完成的 B767-200 装机单样例如图 6.12 所示。

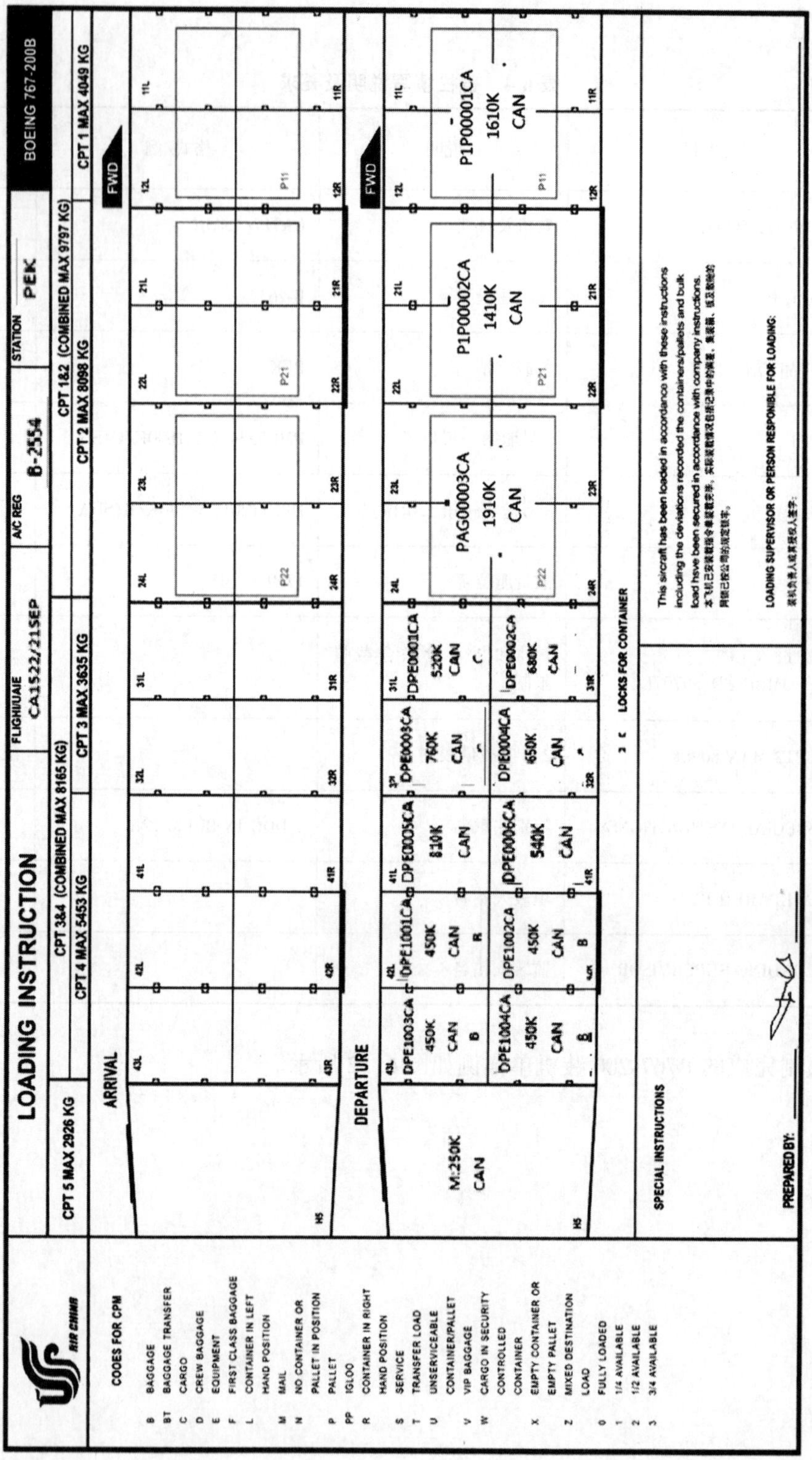

LOADING INSTRUCTION — BOEING 767-200B

FLIGHT/DATE: CA1522/215EP AC REG: B-2554 STATION: PEK

CPT 5 MAX 2926 KG

CPT 3&4 (COMBINED MAX 8165 KG) — CPT 4 MAX 5453 KG — CPT 3 MAX 3635 KG

CPT 1&2 (COMBINED MAX 9797 KG) — CPT 2 MAX 8098 KG — CPT 1 MAX 4049 KG

ARRIVAL

DEPARTURE

FWD

| P1P00001CA 1610K CAN | P1P00002CA 1410K CAN | PAG00003CA 1910K CAN |

DPE0003CA 520K CAN DPE0005CA 760K CAN DPE1001CA/DPE0005CA 810K CAN DPE1003CA 450K CAN R

DPE0002CA 680K CAN DPE0004CA 650K CAN DPE0006CA 540K CAN DPE1002CA 450K CAN B DPE1004CA 450K CAN B

M:250K CAN

LOCKS FOR CONTAINER

This aircraft has been loaded in accordance with these instructions including the deviations recorded for the containers/pallets and bulk load have been secured in accordance with company instructions.

LOADING SUPERVISOR OR PERSON RESPONSIBLE FOR LOADING:

SPECIAL INSTRUCTIONS

PREPARED BY:

CODES FOR CPM

B BAGGAGE / BT BAGGAGE TRANSFER / C CARGO / D CREW BAGGAGE / E EQUIPMENT / F FIRST CLASS BAGGAGE / L CONTAINER IN LEFT HAND POSITION / M MAIL / N NO CONTAINER OR PALLET IN POSITION / P PALLET / PP IGLOO / R CONTAINER IN RIGHT HAND POSITION / S SERVICE / T TRANSFER LOAD / U UNSERVICEABLE CONTAINER/PALLET / V VIP BAGGAGE / W CARGO IN SECURITY CONTROLLED CONTAINER / X EMPTY CONTAINER OR EMPTY PALLET / Z MIXED DESTINATION LOAD / 0 FULLY LOADED / 1 1/4 AVAILABLE / 2 1/2 AVAILABLE / 3 3/4 AVAILABLE

图6.12 已填制完成的B767-200装机单样例

本章附录

附表　装载通知单常用代码

编码	英文	中文
B	Baggage	行李
BT	Baggage Transfer	转港行李
C	Cargo	货物
D	Crew Baggage	机组行李
E	Equipment	器材设备
F	First Class Baggage	头等舱行李
L	Container in Left Hand Position	左手位置集装箱
M	Mail	邮件
N	No Container or Pallet in Position	此位置无集装箱或集装板
P	Pallet	集装板
PP	Igloo	集装箱
R	Container in Right Hand Position	右手位置集装箱
S	Service, Sort on Arrival	服务，到达后的分类
T	Transfer Load	转港装载
U	Unserviceable Container/Pallet	不能使用的集装箱/板
V	VIP Baggage	要客行李
W	Cargo in Security Controlled Container	货物在安全检查过的集装箱内
X	Empty Container or Empty Pallet	空集装箱或集装板
Z	Mixed Destination Load	混装
0	Fully Loaded	满载
1	1/4 Available	1/4 空间可利用
2	1/2 Available	1/2 空间可利用
3	3/4 Available	3/4 空间可利用

思考题

1. 10月20日，B-2527（B737-700）飞机执行 MU5285，CAN—XMN 航班任务。

DOW：37472　　DOI：45.5　　机组：2/6

TOF：7300　　TFW：3800

PAX　76/04/01　F04Y76（FWD：4，MID：46，AFT：30）

B　　890K/61 PCS

C　　680K/1 车　　820K/1 车

M　　250K /5 PCS

完成载重表、平衡图、装机单。

2. 9月18日，B-5076（B737-800）飞机执行 FM9524，FOC—SHA 航班任务。

DOW：43102　　DOI：45.60　　机组：2/5

TOF：7600　　TFW：3100

旅客人数：成人 103，儿童 3，婴儿 0

旅客座位分布：FWD 3，MID 52，AFT 51

货舱情况			
1	2	3	4
		B：790 kg	B：58 kg
	C：1510 kg		

总计，货物件数：112 件　行李件数：25 件

完成载重表、平衡图、装机单。

3. 10月9日，B-2203（A320-214）飞机执行 MU5001，PEK—KWL 航班任务。

DOW：43817　　DOI：54.4　　CREW3/5

TOF：11100　　TFW：7600

旅客：F8Y148（147/01/02）　　座位布局 8/64/84　　行李 70PC/850K

邮件 300K/1 车/2 m^3　　货物 1950K/3 车

货物明细：500K/1 车/3 m^3/AVI；600K/1 车/3.5 m^3；850K/1 车/4 m^3

完成载重表、平衡图、装机单。

4. 8月20日，B-2554（B767-200）飞机执行 CA1522，CAN—PEK 航班任务。

DOW：82456　　DOI：97　　CREW 4/12

TOF：21800　　TFW：13500

PAX：F10Y186

B：　　2075K/4 个 DPE

C：　　PMC0001CA/1300K　　PMC0002CA/ 1500K　PMC0005CA/ 1800K

　　　　BULK 100K/VAL

M：　　BULK 340K

完成载重表、平衡图、装机单。

5. 机型：A300-600R

日期	2011.06.25		航班号		MU5319	
航段	SHA—SZX		飞机注册号		B-2307	
基本重量	91652		基重指数		37	
标准机组	4/12		加机组	0	座位布局	F26Y248
三大全重（kg）	最大起飞重量		170500			
	最大落地重量		140000			
	最大无油重量		130000			
起飞油量	21700		航段耗油量		11510	
旅客人数	ADULT 236		CHD 03		INF 00	
旅客分布情况	OA 11		OB 150		OC 78	

货邮（kg）

PMC80001/2000K/SZX/C，PMC80002/1500K/SZX/C， PMC80003/1500K/SZX/C，PMC80013/1500K/SZX/C， AKE80021/400K/SZX/C，AKE80022/400K/SZX/C，AKE80023/400K/SZX/C， AKE80024/400K/SZX/C，AKE80025/400K/SZX/C，AKE80026/300K/SZX/C	C： 392 件 M： 15 件
行李：2200K/278PC　（4LD3）	B： 278 件

邮件：

BULK：220K/SZX

完成载重表、平衡图、装机单。

6. 机型：340-313

日期	25JUN		航班号		MU5002	
航段	SHA—PEK—FRA		飞机注册号		B-6050	
基本重量	129800		基重指数		132.3	
标准机组	3/16		加机组	0	座位布局	F12C30Y247
三大全重（kg）	最大起飞重量		275000			
	最大落地重量		190000			
	最大无油重量		178000			
起飞油量	26000		航段耗油量		14100	
旅客人数	ADULT 224		CHD 00		INF 01	
旅客分布情况	OA 30		OB 100		OC 94	

货物（kg）

PMC99001/2890K/PEK，PMC99002/2110K/PEK，PMC99003/1980K/FRA，
PMC99004/3550K/FRA，PMC99005/2400K/FRA，PMC99006/3100K/FRA，
AKE80001/780K/PEK，AKE80002/430K/FRA，AKE80003/570K/PEK，
AKE80004/510K/PEK，
BULK：60K/FRA/VAL；

邮件：
BULK：820K/FRA

行李：
FRA：2520K/FRA（4LD3）；1220K/PEK（2LD3）

完成载重表、平衡图、装机单。

第七章　特种货物配载和装载限制

一、危险品

有些不同类别的危险物品，互相接触时可以发生危险性很大的化学反应，称之为性质抵触的危险物品。为了避免这样的危险物品在包装件偶然漏损时发生危险的化学反应，必须在存储和装载时对它们进行隔离。需要互相隔离的危险物品，见表7-1。

表 7-1　性质抵触的危险物品

类或项	1.4 S	3	4.2	4.3	5	8
1.4 S						×
3					×	
4.2					×	×
4.3					×	×
5		×	×	×		×
8	×		×	×	×	

判断性质抵触的危险物品时，以其主要危险性为依据，不考虑其次要危险性。横行与纵行交叉点为"×"，则表示所对应的两种危险物品的性质相互抵触。

性质相互抵触的危险物品装在集装板上或在货舱内散装的情况下，可采用如下两种方式中的任何一种：将两种性质抵触的危险物品包装件分别用尼龙带固定在集装板或飞机货舱地板上，两者的间距至少1 m；用普通货物的包装件将性质互相抵触的两个危险物品包装件隔开，两者的间距至少0.5 m。

1. 毒性物质和传染性物质与食品的隔离

（1）第6类危险物品包装件不得与食品装在同一散舱内，罐装食品除外。

（2）第6类危险物品包装件与食品不得装在同一块集装板上，而且分装这两种货物的集装板在货舱内不得相邻放置。

2. 毒性物质和传染性物质与活体动物的隔离

（1）第 6 类危险物品包装件不得与活体动物装在同一散舱内。

（2）第 6 类危险物品包装件与活体动物不得装在同一块集装板上，而且分装这两种货物的集装板在货舱内不得相邻放置。

3. 干冰的装载

（1）作为货物的冷冻剂而运输的干冰（固体二氧化碳），装入货舱（包括货机的主货舱）的数量不超过附表中的限制。

（2）干冰对于活体动物存在两种危险性：一是放出二氧化碳气体，使动物窒息；二是降低周围温度，使动物处于低温环境。

（3）在运输中，干冰与活体动物同货舱或不同货舱装载的重量限制，见表 7-2。

表 7-2　干冰装载的重量限制

机　型	舱　位	最大重量限制（kg）	
		舱内有动物	舱内无动物
B-737	1	0	200
	4	0	200
B-767 B-777	1 或 2	200	1000
	5	100	200
B747-400/200 型飞机下货舱（含全货机和客货混装机）	前下货舱	200	1000
	后下货舱 （含散货舱）	200	200
B747-200/400 COMBI	主货舱	1000	1000
B747-200F/400F	主货舱	3000	3400
A340-300	1、2 或 3、4、5	250	1000
A319-111	前下货	0	200
	后下货	0	200
A319-131	前下货	200（不装动物）	200（不装动物）
	后下货	200（不装动物）	200（不装动物）
A320-214	前下货	0	200
	后下货	0	200

4. 聚合物颗粒的装载

聚合物颗粒或可塑性成型材料的净重不得超过 100 kg，且必须装在飞行过程中人员不可接近的货舱内或主货舱内的密闭集装器内。

5. 磁性物质的装载

不得将磁性物质装载于直接影响飞机的直读磁罗盘或罗盘传感器的位置上，磁性物质应装在飞机后部的下货舱内。

6. 放射性物质的装载

（1）Ⅰ级——白色放射性物质包装件，可以装在任何机型的飞机货舱内，既无数量限制也无特殊要求。

（2）Ⅱ级——黄色与Ⅲ级——黄色放射性物品包装件的装载，必须遵循预先检查、请勿倒置、轻拿轻放、隔离和固定货物防止滑动等五个原则。

（3）放射性物质包装件在客机货舱内的数量限制，见表 7-3。

表 7-3　放射性物质包装件在客机货舱内的数量限制

飞机类型	舱位	包装件数量									
		包装件的高度（cm）									
		10	20	30	40	50	60	70	80	90	100
A319、A320	1/2，3/4	5	5	4	3	3	2	1	1	0	0
B737	1，4	5	5	4	3	3	2	1	1	0	0
B767	1/2、3/4、5	9	8	7	7	6	5	5	4	3	3
B747-SP	1/2、4/5	9	8	7	7	6	5	5	4	3	3
B747-400	1/2，3/4、5	9	8	7	7	6	5	5	4	3	3
B757-200	1/2，3/4、5	9	8	7	7	6	5	5	4	3	3
A340-300、400	1/2，3/4、5	9	8	7	7	6	5	5	4	3	3
		50	50	50	50	50	50	50	50	50	50
		舱内允许的最大运输指数									

对于其他机型的飞机，放射性物质在其货舱内的数量限制以符合隔离原则的要求为准。每个放射性物质包装件的运输指数不得超过 10。对于每架客机，全部放射性物质包装件的总运输指数不得超过 50。

7. 货机装载的可接近性原则

仅限货机的包装件只能装在集装板上，不准装入集装箱内。集装板不得装载在主货舱的 T 板（尾板）位置。

二、停场待修飞机的航材（AOG）

（1）AOG 航材为紧急货物时，装机站应将此类货物装在靠近飞机货舱门的位置，便于卸机站尽快卸机。

（2）小件 AOG 航材货物装入散货舱时，应尽可能装在靠近货舱门的位置。

（3）装载 AOG 航材货物的集装器，应尽可能放置于靠近货舱门的位置，并在装机通知单和装载报中注明。

三、鲜活易腐货物（PER）

（1）鲜花与水果不能装在同一集装器或同一散货舱内。

（2）客机不能装载有不良气味的鲜活易腐物品。

（3）鲜活易腐货物不要与活动物、危险品装在一起。

四、活体动物（AVI）

（1）应将活体动物装在适合其运输条件的货舱内，各种机型可装载活体动物的舱位以及数量查阅《货物装载手册》。

（2）活体动物不能与食品、放射性物质、毒性物质、传染性物质、灵柩、干冰等放在同一散舱内运输。

（3）有不良气味的小动物，仅限于少量供实验用的猴子、兔子、豚鼠以及会发出叫声的初生家禽、小狗等只能装在飞机的下货舱。

（4）互为天敌的动物、来自不同地区的动物、发情期的动物不能一起存放。

（5）实验动物应与其他动物分开存放，避免交叉感染。

五、种蛋（HEG）

（1）种蛋应远离毒性物质、传染性物质、活体动物和尸体。

（2）种蛋应远离干冰、放射性物质。

六、人体活器官和新鲜的人体血液（LHO）

装载时远离毒性物质、传染性物质、放射性物质。

七、外交信袋（DIP）装载要求

（1）外交信袋应放在货舱内的明显位置，并且不能与航空邮件装在一起。

（2）外交信袋应尽量远离放射性物质及磁性物质。

八、灵柩（HUM）

（1）灵柩必须远离动物和食品。

（2）灵柩尽量装载在集装板上，散装时，灵柩不能与动物装在同一货舱内。

（3）分别装有灵柩和动物的集装器，装机时中间至少应有一个集装器间隔。

九、贵重物品（VAL）

（1）根据民航总局 CCAR-121FS 及〔1992〕256 号文件规定，贵重物品不允许装在客舱或驾驶舱，只能装在货舱中运输。

（2）贵重物品应尽量安排直达航班或全程都由同一航空公司航班承担的航线上运输。当航班有经停站时，始发站应提前通过电报或传真通知经停站注意监护，得到经停站的确认后，装机站方可启运。

（3）为保证贵重物品安全运输，贵重物品装机后必须填写"贵重物品装/卸机通知单"，通知卸机站和经停站。

本章附录：各机型特殊货物装载限制

附表 7-1   B737-300 特殊货物装载限制

代码	舱位		备注
	1 舱	4 舱	
AOG	装载在门口位置	装载在门口位置	
AVI	有数量限制，须查"B737-300 前下货舱动物装载限量表"	有数量限制，须查"B737-300 后下货舱动物装载限量表"	
		航程超过 90 min 禁止装载活动物	
ICE（冷藏剂）	最多装载 200 kg	最多装载 200 kg	全货舱最多装载 200 kg。作为货物运输时，各限制重量可按 2 倍计算
MAG	禁止装载	可以装载	

附表 7-2   B737-600 特殊货物装载限制

代码	舱位		备注
	1 舱	4 舱	
AOG	装载在门口位置	装载在门口位置	
AVI	有数量限制，须查"B737-600 前下货舱动物装载限量表"	有数量限制，须查"B737-600 后下货舱动物装载限量表"	
		航程超过 90 min 禁止装载活动物	
ICE（冷藏剂）	最多装载 100 kg	最多装载 100 kg	全货舱最多装载 100 kg。作为货物运输时，各限制重量可按 2 倍计算
MAG	禁止装载	可以装载	

附表 7-3 B737-700 特殊货物装载限制

代码	舱位		备注
	1 舱	4 舱	
AOG	装载在门口位置	装载在门口位置	
AVI	有数量限制，须查 "B737-700 前下货舱动物装载限量表"	有数量限制，须查 "B737-700 后下货舱动物装载限量表"	
		航程超过 90 min 禁止装载活动物	
ICE（冷藏剂）	最多装载 200 kg	最多装载 200 kg	全货舱最多装载 200 kg。作为货物运输时，各限制重量可按 2 倍计算
MAG	禁止装载	可以装载	

附表 7-4 B737-800 特殊货物装载限制

代码	舱位		备注
	1 舱	4 舱	
AOG	装载在门口位置	装载在门口位置	
AVI	有数量限制，须查 "B737-800 前下货舱动物装载限量表"	有数量限制，须查 "B737-800 后下货舱动物装载限量表"	
		航程超过 90 min 禁止装载活动物	
ICE（冷藏剂）	最多装载 200 kg	最多装载 200 kg	全货舱最多装载 200 kg。作为货物运输时，各限制重量可按 2 倍计算
MAG	禁止装载	可以装载	

附表 7-5　B747-400PAX（其中包括：747-400P/747-4J6B）特殊货物装载限制

代码	舱位			备注
	1 舱或 2 舱	3 舱或 4 舱	5 舱	
AOG	装载在门口位置	装载在门口位置	装载在门口位置	
AVI	禁止装载	可以装载	可以装载	
ICE（冷藏剂）	最多装载 800 kg	最多装载 800 kg	最多装载 800 kg	全货舱最多装载 800 kg。作为货物运输时，各限制重量可按 2 倍计算
MAG	禁止装载	可以装载	可以装载	

附表 7-6　B777-200（其中包括：777-200/777-2J6）特殊货物装载限制

代码	舱位			备注
	1 舱或 2 舱	3 舱或 4 舱	5 舱	
AOG	装载在门口位置	装载在门口位置	装载在门口位置	
AVI	禁止装载	可以装载	可以装载	
ICE（冷藏剂）	最多装载 450 kg	最多装载 450 kg	最多装载 450 kg	全货舱最多装载 450 kg。作为货物运输时，各限制重量可按 2 倍计算
MAG	禁止装载	可以装载	可以装载	

附表 7-7　A319-111（B-2223/B-2225/B-2339）（其中包括：A319-111）特殊货物装载限制

代码	舱位			备注
	1 舱	4 舱	5 舱	
AOG	装载在门口位置	装载在门口位置		
AVI	禁止装载	可以装载	可以装载	
ICE（冷藏剂）	禁止装载	最多装载 200 kg		全货舱最多装载 200 kg。作为货物运输时，各限制重量可按 2 倍计算
MAG	禁止装载	可以装载		可以装载
RRY	可以装载	可以装载		禁止装载

附表 7-8 A319-115/131（其中包括：A319-131/A319-131XN）特殊货物装载限制

代码	舱位			备注
	1舱	4舱	5舱	
AOG	装载在门口位置	装载在门口位置		
AVI	有数量限制，须查"A319-115/131 前下货舱动物装载限量表"	有数量限制，须查"A319-115/131 后下货舱动物装载限量表"	有数量限制，须查"A319-115/131 后下货舱动物装载限量表"	
ICE	禁止装载	禁止装载	禁止装载	
MAG	禁止装载	可以装载	可以装载	
RRY	可以装载	可以装载	禁止装载	

附表 7-9 A320-214（其中包括：A320-214）特殊货物装载限制

代码	舱位				备注
	1舱	3舱	4舱	5舱	
AOG	装载在门口位置	装载在门口位置		装载在门口位置	
AVI	禁止装载	可以装载		可以装载	
ICE（冷藏剂）	禁止装载	最多装载 200 kg			全货舱最多装载 200 kg。作为货物运输时，各限制重量可按 2 倍计算
MAG	禁止装载	可以装载		可以装载	
RRY	可以装载	可以装载		禁止装载	

附表 7-10 A321-213（其中包括：A321-213）特殊货物装载限制

代码	舱位			备注
	1舱/2舱	3舱/4舱	5舱	
AOG	装载在门口位置	装载在门口位置	装载在门口位置	
AVI	可以装载	禁止装载	禁止装载	
ICE（冷藏剂）	最多装载 250 kg	最多装载 250 kg		全货舱最多装载 250 kg。作为货物运输时，各限制重量可按 2 倍计算
MAG	禁止装载	可以装载	可以装载	

附表 7-11　A330-200（其中包括：A330-243）特殊货物装载限制

代码	舱位			备注
	1 舱或 2 舱	3 舱或 4 舱	5 舱	
AOG	装载在门口位置	装载在门口位置	装载在门口位置	
AVI	可以装载	禁止装载	可以装载	
ICE（冷藏剂）	最多装载 700 kg	禁止装载	最多装载 200 kg	全货舱最多装载 900 kg。作为货物运输时，各限制重量可按 2 倍计算
MAG	禁止装载	可以装载	可以装载	

附表 7-12　A340-300（B-2385/B-2386/B-2387）（其中包括：A340-300）特殊货物装载限制

代码	舱位			备注
	1 舱或 2 舱	3 舱或 4 舱	5 舱	
AOG	装载在门口位置	装载在门口位置	装载在门口位置	
AVI	可以装载	禁止装载	可以装载	
ICE（冷藏剂）	最多装载 700 kg	禁止装载	最多装载 200 kg	全货舱最多装载 900 kg。作为货物运输时，各限制重量可按 2 倍计算
MAG	禁止装载	可以装载	可以装载	

附表 7-13　A340-300（B-2388/B-2389/B-2390）（其中包括：A343）特殊货物装载限制

代码	舱位			备注
	1 舱或 2 舱	3 舱或 4 舱	5 舱	
AOG	装载在门口位置	装载在门口位置	装载在门口位置	
AVI	可以装载	禁止装载	可以装载	
ICE（冷藏剂）	禁止装载	禁止装载	最多装载 200 kg	全货舱最多装载 200 kg。作为货物运输时，各限制重量可按 2 倍计算
MAG	禁止装载	可以装载	可以装载	

第八章 载重结算及随机业务文件

第一节 载重结算

航班结载后，在做配载平衡工作的同时也是在做航班的载重结算。

在航班开始办理乘机手续前按照预配程序做详细的复核检查：各项应该准备的项目是否齐全，各图表的填写是否正确完整；业载计算和旅客、行李、邮件、货物载量的预配是否合理、正确；装载计划的安排是否合理。收到货邮舱单后，检查货物、邮件件数和重量有无增减。如货邮重量有较大变化，根据旅客和行李的预计数、货物和邮件的实际数，检查预配和装载计划并及时修正。将货邮舱单、货运单、邮件路单放入业务袋。

在接到值机柜台报来的旅客人数、行李件数和重量后，立即进行结算，填制载重表。填制载重表时应注意以下内容：各到达站及总计栏横竖合计数字的核对检查、各项目相加数字的核对检查；各舱位装载与地板承受力限制的核对检查；实际的无燃油重量、起飞重量和着陆重量与各自的最大允许重量的核对检查。填制平衡图并检查该机型要求的各种重心是否在允许范围之内。

请机长在载重表和平衡图上签字。将载重表、平衡图交给机长一份，并将一份载重表放入业务袋，另一份载重表和平衡图留存。如与机长办完交接手续后，载重又有变化，则应根据有关规定更改载重表和平衡图。

一、出现超载情况的处理

1. 超载时一般按照下列顺序拉下适当的载量

（1）货物、邮件。需要拉下货物、邮件时，应及时通知货运部门，由货运部门选择拉下何种货物和邮件。

（2）行李。在无货物、邮件可拉时，拉下的行李应由最早的航班运出。

（3）旅客。在无货物、邮件、行李可拉下时，方可拉下旅客。

2. 客机的超载

客机一般都是使用腹舱装载行李、邮件和货物，以提高装载效率。因此，飞机的超载就可以划分成三种情况：座位超载（旅客人数超过飞机可提供座位数）、吨位超载

（旅客人数没有超载但总吨位超载）、座位和吨位同时超载。根据三种情况的不同，需要采用不同的减载策略。

1）座位超载

当发生座位超载时，只能将超出的旅客拉下。选择要拉下的旅客时，要从提高本承运人收益和为旅客提供高质量服务的角度考虑，按照一定的顺序进行选择。

2）吨位超载

当发生吨位超载时，一般应选择将货物或邮件拉下，尽量不给旅客造成不必要的麻烦。例如，可以按照普通货物、邮件、急货的顺序进行选择。

3）座位和吨位同时超载

当发生座位和吨位同时超载时，应该先解决座位超载的问题，因为将旅客拉下后，不但能解决座位超载的问题，同时由于旅客及其行李的下机还能减轻吨位超载的程度，可以拉下更少的货物，甚至有时拉下旅客后就能同时解决座位和吨位超载的问题。

二、重心位置不符合要求时的处理

当配载后飞机的重心位置不理想时，常采用以下方法解决。

1. 倒舱位

从重心偏出方向的货舱内卸下适量货物、邮件或行李，再装入重心的另一方的货舱内。采用倒舱位的方法调整重心位置时，因为各个货舱的位置是固定不变的，所以在某两个货舱之间倒舱的重量与指数及飞机重心位置的变化量是成正比例的。因此若知道两个货舱之间每倒单位重量货物时飞机重心位置的变化量，则根据飞机现在的重心位置和理想的重心位置的差距，即可计算出需要倒舱的货物量。

2. 卸货

当与重心偏出方向相反的方向的货舱内已经装满货物，不能再进行倒舱时，从重心偏出方向的货舱内卸下适量货物、邮件或行李。

3. 调换旅客的座位

一般在旅客登机后，由机组人员重新安排旅客的座位，将旅客从重心偏出方向的客舱内调至重心偏离方向的客舱内。

4. 加压舱油或压舱物

在重心偏离方向的油箱内（或货舱内）装入压舱油（或压舱物），使重心向该方向适当移动。

第二节 运输业务文件

出港航班商务运输业务文件是出港航班运输量的原始记录，是机场商务部门组织日常运输生产的依据，是拍发有关电报的凭证，也是航班前方各站准备航班配载情况的依据。因此商务运输业务文件对于航班生产相当重要，这就要求各个航班必须备足有关商务运输业务文件，并且每一份运输文件都必须如实、准确、详尽地填写，避免弄虚作假。如果运输文件不足或填写不准确，很有可能造成航班载量的混乱，甚至会影响航班的安全。因此有必要掌握国内、国际航班业务文件的构成及填写方法。

一、国内航班商务运输业务文件

国内航班商务运输业务文件包括出港航班旅客舱单（或称出港旅客登记表）、货邮舱单、货运单、载重表和平衡图。如果本次航班没有货物，运输业务文件可不包括货运单和货邮舱单。

出港航班旅客舱单由值机柜台工作人员填写，值机柜台工作人员在办理乘机手续时登记旅客情况而形成该表。货运单和货邮舱单由货运部门工作人员填制后，送到配载室。载重表和平衡图是由配载平衡人员在截止办理乘机手续后填制而成。这些运输业务文件是航空公司统计国内航班运输周转量的依据，也是民航各有关部门组织运输生产的凭证。因此必须如实地填写这些业务文件，做到准确、翔实、清晰。

1. 出港航班旅客舱单（出港旅客登记表）

出港航班旅客舱单是登机某航班所有从本站出发至前方各有关站旅客情况的原始记录。有的航班经停一个或几个经停站才到达航班的终点站，因此在这种情况下需根据旅客的到达站分别记录，统计旅客情况，这样便于向平衡室报告旅客人数。

出港航班旅客舱单包括旅客姓名、座位号、行李情况和到达站等内容，其作用在于统计本航班从本站出发至前方各经停站和终点站的总人数、行李总件数和总重量，便于配载人员结算载量，还便于民航机场服务人员及值机柜台工作人员及时掌握旅客登机情况。若有旅客未及时登机，工作人员能及时掌握旅客的情况。如未登机旅客有托运行李，还需卸下行李，飞机方可起飞。

2. 货邮舱单

货邮舱单是由民航货运部门填制的用于统计某一出港航班从本站出发所装载的货物、邮件的内容（包括名称、总件数、总重量、到达站等）记录，是各站之间交接货物、邮件载量的依据，也是统计货物、邮件实际发运量的凭证。国内航班的货邮舱单可使用汉字由计算机打印或手工填写。货邮舱单通常随附有本次航班的所有货运单。

货邮舱单是配载人员登记货物载量及结算载量的依据。它是各个货运单和邮政路单的汇总文件。货邮舱单上所登记的货运单、邮政路单的票数及数据，必须与货运单及邮政路单相符。货运部门需同时将货邮舱单、货运单及邮政路单交给配载部门。配载人员要仔细核对各个单据的数量和数据，严禁缺少货运单和邮政路单的现象发生。

3. 载重表和平衡图

载重表和平衡图分为手工填写和计算机自动打印两种。有离港系统的机场，可由离港系统自动生成并打印出来。

载重表是记录航班业务载重量的情况及供航班各有关站之间进行业务处理的文件，也是运输部门与空勤组之间办理业务交接手续的凭证。平衡图是配载人员所填制的表明旅客、货物、行李、邮件的装载情况及重心位置，从而使飞机处于平衡状态的一种图。不同机型的平衡图是不同的，每种机型的平衡图是根据该机型的特点专门绘制的。载重表和平衡图填制完毕后，由平衡人员签字，经由机长签字认可后，一份交给机组，一份随航班带至前方站，一份由始发站留存。

上述国内航班商务运输业务文件最后汇总到平衡室，平衡室留足一套文件，即上述文件各一份，其余文件随飞机带至前方站构成随机业务文件。这些文件到达前方站后，载重表和平衡图由经停站或终点站的平衡室留存，用于统计航班的周转量，而货运单和货邮舱单由货运部门留存，以备货运部门处理业务使用。

二、国际航班商务运输业务文件

国际航班的出港，不仅需要民航各有关部门全力保障，还需要联检部门如海关、卫生检疫、动植物检疫、边防检查及商检部门的通力合作。国际航班涉及不同国家，为了处理业务方便，其业务文件一律要用英文填写并且尽可能采用打字机或计算机打印。

国际航班商务运输业务文件包括旅客舱单、货邮舱单、货运单、载重表和平衡图、总申报单，其中旅客舱单由值机人员在办理乘机手续时填制；货邮舱单及货运单由货运部门填制后送到配载室；载重表和平衡图由配载人员填制；总申报单由配载人员填制。

1. 旅客舱单

旅客舱单（Passenger Manifest）是国际航班所载运旅客情况的记录，是配载人员及有关部门统计出港国际旅客的依据，是联检单位例行检查国际航班旅客的依据，也便于对旅客登机的管理。在国际航班上，有些国家相互约定改用旅客名单报代替旅客舱单。

2. 货邮舱单

国际航班所载运的货物、邮件必须按照航班的经停站和终点站分别登记。货邮舱单是总申报单的附件，也是货物、邮件进出口岸的申报文件，还是航空公司统计国际货物和邮件的依据。国际航班的货邮舱单应尽量避免手写，而应采用英文打字机或计算机打印，并要求字迹清晰，标准规范。

3. 载重表和平衡图

国际航班的载重表（Load Sheet）和平衡图（Balance Manifest）的作用与国内航班相同。

4. 总申报单

总申报单仅用于国际航班，是承运人为了飞机起飞或到达向政府当局申报手续用的基本文件。总申报单包括航线、卫生检疫、空勤组、旅客、货物、邮件和飞机本身等情况的申报。总申报单由航空公司的合法代表或机长签字，对所申报的内容的完整性、准确性、真实性负责，并经海关盖章后放行。由此可见，总申报单是所有与国际航班有关的内容的汇总，且代表一个国家的利益，所以配载人员在填写总申报单时必须认真负责，避免虚假和错误情况的出现。

总申报单填写基本的 7 份。一份作为随机业务文件放入业务文件袋内，另外承运人、承运人代理人、边防检查站、海关和卫生检疫部门各一份，始发站留存一份。此外可视情况，酌情复印多份，供有关机场和有关部门留存。

另外，国际航班的商务运输业务文件还包括货运单、装载通知单、有关卫生检疫证明文件、商检文件等，这些都是随机业务文件。

思考题

1. 结算工作的内容是什么？
2. 结算后发现超载怎么处理？拉载的顺序是什么？
3. 结算发现飞机重心没有在规定范围内或不符合机长要求该怎么处理？
4. 出港航班商务运输业务文件有哪些？国际航班和国内航班商务运输业务文件的区别是什么？

第九章　业务电报

　　平衡工作完成，航班起飞后 5 min 内平衡工作人员应该向航班的经停站、目的站拍发载重电报（Load Message，LDM）和集装型飞机的集装器分布电报（Compartment Message，CPM）。要求将航班的基本信息、业载、装载分布情况报告给相关各站各部门。

一、载重电报（LDM）

　　依据下例了解 LDM 基本格式：

```
QU   XIYAPMU XIYKNMU CTUTZCA CTUVTCA CTUKPCA CTUKNCA
·XIYKLMU 010630
LDM
MU2343 B2301 F18Y210 04/12
−CTU 140/2/0.0 T2360 1/2060 4/150 5/150
PAX/3/139   PAD/0/0
SIBW89811 BI34.85
CTU   FRE   1004   POS   9   BAG   1347   TRA   0   BAGP   103
=
```

　　（1）（QU）电报等级：
　　载重电报和集装器分布报的等级为急报，均为 QU。
　　（2）（XIYAPMU…）收报地址：
　　收发地址由 7 个字母组成，前 3 个字母为机场代码，第 4、5 个字母为部门代码，后两个字母为 IATA 规定的航空公司或机构的代码。每份 SITA 电报收电地址最多为四行，可发 32 家地址。
　　（3）（·XIYKLMU…）发报地址提示符，后跟发报地址、时间、发电人：
　　发报地址格式与收报地址一样；日时组，用格林尼治时间表示，六位数 24 小时制，前两位为日期，中间两位为小时，后两位为分钟，如，北京时间 6 月 1 日 14：30，应编为"010630"；如有需要，可以加一业务附注，说明该电报由谁负责。

（4）（LDM）电报类别代码：

电报类别识别代码。

（5）（MU2343　B2301…）航班数据：

按照顺序列明带有航空公司二字代码的航班号，执行航班任务的飞机的注册号、座位布局、空勤组、飞机基本重量、基重指数。

（6）（-CTU…）到达站载量：

按照顺序列明到达站，旅客成人/儿童/婴儿人数，货舱载量/各货舱载量；可根据需要注明：旅客 F、C、Y 数量及行李（B）、邮件（M）、货物（C）件数。

（7）（SI）或 SSR 特别服务事项：

注明旅客特别服务事项、特种货物和需要特殊照料的事项、装载位置等。（此项内容可单独拍发 SSR、OSI 电报和特种货物运输电报。）

例如：

```
QU  PEKKLCA  PEKFFCA  PEKAPCA  PEKKKMU  PVGKLMU  NRTAPJL
NRTFFJL    NRTDDCA
·PEKKLCA 251028
LDM
MU503/22OCT. B2326. F24Y250. 04/12. BW90787 BI31. 5
—PVG/85/00/00. T/4370. 1/3350. 3/510. 4/510
PAX/00/85
—NRT/64/00/00. T/7015. 2/3700. 3/2140. 4/1160. 5/15
PAX/10/54
SI  VAL 10K IN BULK
  =
```

二、集装器分布电报（CPM）

CPM 电报是将集装型货舱各个位置装载的集装器类型、代码、业载等信息进行告知。通常接在 LDM 报之后，或者单独拍发。

例如：

```
QU PEKKLCA PEKFICA PEKFFCA PEKKKMU PEKAPCA
FRADDMU FRAFILH   FRAAPLH
· PVGKLMU 050933
CPM
-11P/PMC17561/2890/PEK/C   -12P/P6P17564/2110/PEK/C
-21P/PMC37216/1980/FRA/C   -22P/PMC54367/3550/FRA/C
-23P/PMC35621/2400/FRA/C   -24P/P6P12573/3100/FRA/C
-32L/AKE35631/760/PEK/C    -32R/AKE19872/430/PEK/C
-33L/AKE35496/570/PEK/C    -33R/AKE47361/510/PEK/C
-34L/FRA/630/B             -34R/PEK/610/B
-41L/FRA/630/B             -41R/PEK/610/B
-42L/FRA/630/B             -42R/NIL
-43L/FRA/630/B             -43R/NIL
-H52/FRA/60/C              -H53/FRA/820/M
=
```

报文中"-21P/PMC37216/1980/FRA/C"的含义为：2 号舱第一板位置，集装器编号 PMC37216，重量 1980 kg，目的站 FRA，货物。

例如：

```
QU PEKKLMU PEKFFMU PEKAPMU PEKKKMU PVGFFMU PVGAPMU
PVGKIMU PVGKKCA CDGKLAF CDGAPAF CDGFFAF   CDGDDCA
· PVGKLMU 220843
LDM
MU503/22OCT. B-2326. F24Y250. 04/12. BOW90787 BOI 31. 5
-PEK/85/00/00. T/4370. 1/3350. 3/510. 4/510
PAX/00/85
-CDG/64/00/00. T/7015. 2/3700. 3/2140. 4/1160. 5/15
PAX/10/54
SI AVI 15K IN BULK
CPM
-11L/AVE3634MU/PEK/860/C   -12L/AVE3354MU/PEK/760/C
-12R/AKE1653MU/PEK/540/C   -13L/AVE3103MU/ PEK /810/C
-13R/AVE0987MU/PEK/380/C   -21P/P6P1964MU/CDG/1350/C
-22P/P6P1656MU/CDG/2350/C -31L/AVE3055MU/CDG/780/C
-31R/AVE1353MU/CDG/780/C   -33L/CDG/580/B
-33R/PEK /510/B            -41L/CDG/580/B
-41R/PEK /510/B            -42L/CDG/580/B
-H5A/NRT/15/C
=
```

思考题

依照第六章平衡思考题的完成结果继续拍发 LDM 及 CPM 电报。

本章附录

一、电报地址中的部门代号

AA：民航局财务司 AC：民航局国际结算室
AI：管理局国际结算室 AP：机场国际值机、驻外办事处机场办公室
AR：管理局财务处、省（区）局财务科 BA：民航局专业航空司
BR：管理局专业航空处、省（区）局专业航空科 BS：工业航空服务公司
DD：中国民航驻外办事处 FC：机场国际货运载量控制
FD：机场国内货运部门 FF：机场货运部门、驻外办事处货运负责人
FI：机场国际货运部门 FS：国际货运市内销售
FT：国际货运市内提取 FU：市内货运营业处
HH：配餐部门 KD：国内旅客服务（机场）
KI：国际旅客服务（机场） KK：航站站长、驻外办事处负责人
KL：国际值机配载（机场） KN：国内乘机手续及中转售票（机场）
KP：国际乘机手续及中转售票（机场） LA：民航省（区）局
LD：国内货运查询（机场） LI：国际货运查询（机场）
LN：国内行李查询（机场） LL：国际行李查询（机场）
RC：市内国际客运订座控制 RD：市内国内客运订座控制
RG：市内团体订座 RR：市内售票处、驻外办事处订座负责人
TI：运输服务处（部门） TR：管理局运输服务处、省（区）局运输服务科
TZ：机场国内值机 YD：民航航站
ZB：管调 ZG：总调
ZP：站调 ZR：区调

二、电报简语

附表 9-1　电报简语

简语	英文全称	中文全称
AAR	ADVANCE ARRANGEMENTS REQUIRED	要做预先安排
ACC	ACCORDING TO；IN ACCORDANCE WITH	根据，按照
ACFT	AIRCRAFT	飞机
ACK	ACKNOWLEDGE，ING；ACKNOWLEDGMENT	确认

简语	英文全称	中文全称
ACKD	ACKNOWLEDGED	已确认
ACN	ALL CONCERNED NOTIFIED	已通知各有关方面
ACPT	ACCEPT, ING; ACCEPTANCE	接受
ACPTD	ACCEPTED	已接受
ADAC	ADVISE ACCEPTANCE	请告知是否接受
ADAR	ADVISE ARRIVAL	请告知到达情况
ADAW	ADVISE AIR WAYBILL NUMBER	请告知货运单号
ADB	ADVISE IF DUPLICATE BOOKING	请告知是否重复定吨位
ADBC	ADVISE BREAKDOWN OF CHARGES	请告知运费组成
ADCON	ADVISE ALL CONCERNED	请告知有关各方面
ADCTC	ADVISE CONTACT	请告知联系情况
ADDLV	ADVISE DELIVERY	请告知交付情况
ADHOL	ADVISE IF HOLDING	请告知是否已留妥吨位
ADIN	ADVISE INSTRUCTION	请指示
ADM	AMEND, -ED, ING; AMENDMENT	改正
ADNO	ADVISE IF NOT CORRECT	如不正确请告知
ADS	ADDRESS, ED, ING ADDRESS	致……, 地址
ADSE	ADDRESSEE	收件人
ADSP	ADVISE DISPOSITION OF SPACE	请告知对座位或吨位的处理意见
ADTNL	ADDITIONAL	附加的, 另外的
ADTOD	ADVISE TIME OF DELIVERY	请告知交付时间
ADTOR	ADVISE TIME OF RECEIPT	请告知收到时间
ADTOT	ADVISE TIME OF TRANSMISSION	请告知转交时间
ADV	ADVISE, -ED, ING	告知
AGT	AGENT	代理人
AMT	AMOUNT	总计、订正

续表

简语	英文全称	中文全称
AOG	AIRCRAFT ON GROUND (AIRCRAFT PARTS)	飞机停场待修的零备件
AP	AIRPORT	机场
APPO	AIR PARCEL POST	航空邮包
APPV	APPROVE, -ED, ING; APPROVAL	批准、认可
ARR	ARRIVES, -ED, ING; ARRIVAL	到达
AS	FLIGHT OPEN OR REOPENED FOR AUTOMATIC SELL-ING	航班开放或再开放可直接出售
ASAP	AS SOON AS POSSIBLE	尽可能快
AUTH	AUTHORIZE, -ED, ING; AUTHORITY; AUTHORIZA-TION	授权、允许当局
AVBL	AVAILABLE	有用的、可利用的
AWB	AIR WAYBILL	货运单
AWBL	AIR WAYBILL LATER BAGGAGE	货运单后开（到）行李
BAL	BALANCE	秤、余额、差额、均衡
BLST	BALLAST	压舱物、板
CBL	CARGO BOARDING LIST	货物装机单
CC	FLIGHT CLOSED	航班关闭
CC	CHARGE COLLECT	运费到付
CCHA	CHANGE CHARGES	将运费改为
CCIN	CHANGE INSURANCE TO READ	保险费金额改为
CCNA	CHANGE CONSIGNEE´S NAME AND /OR ADDRESS TO READ	将收货人姓名或地址改为
CCOD	CHANGE COD TO READ	将到付货款改为
CCOU	CHANGE DISBURSEMENT TO READ	将代付款改为
CCTP	CHANGE COLLECT TO PREPAID	将到付改为预付
CF	CUBIC FEET	立方英尺
CFM	CONFIRM, -ED, ING; CONFIRMATION	证实

简语	英文全称	中文全称
CFY	CLARIFY – YOUR MESSAGE NOT UNDERSTOOD	澄清（你电不明）
CGO	CARGO	货物
CHGE	CHANGE, -ED, ING	改变
CHNX	CONNECTION	衔接；联系
CLR	CLEAR, -ED, ING	清除、放行、许可
CLSD	CLOSED	关闭
CM	CENTIMETRE	厘米
CMOD	COMMODITY	商品
CNAD. ND	CONSIGNEE NOTIFIED BUT SHIPMENT NOT YET DE-LIVERED（DATE）	已通知收货人，但货物未提
CNCT	CONNECT, -ED, ING	衔接
CNEE	CONSIGNEE	收货人
CNL	CANCEL, -LED, LING; CANCELATION	取消
CNMT	CONSIGNMENT	一批货物
C/O	CARE OF	转交
COD	CASH OR COLLECT ON DELIVERY	货款到付
COLL	COLLECT, -ED, ING; COLLECTION	收取
COMAIL	COMPANY MAIL	公邮
COMI	COMMERCIAL INVOICE	发票
COMPT	COMPARTMENT	仓、室
CONX	CONNECTION	衔接
COR	CORRECT, -ED; CORRECTION	更正、正确
CORP	CORPORATION	公司、团体
CPLT	COMPLETE, -ED, ING; COMPLETION	完成、填开
CPPC	CHANGE PREPAID TO COLLECT	将预付改为到付
CPY	COPY, -ED, ING; COPY	抄、抄件、副本

续表

简语	英文全称	中文全称
CSTR	CUSTOMS REGULATION	海关规定
CTC	CONTACT, -ED, ING	联系
CTCA	CONTACT ADDRESS (HOME OR HOTEL)	联系地址
CTCN	COLLECT FROM CONSIGNEE	向收货人收取
CTNR	CONTAINER	容器
CTSH	COLLECT FROM SHIPPER	向托运人收取
CUMT	CUBIC METER	立方米
CUST	CUSTOMS	海关
CVOL	CHANGE OF VOLUME	将货物体积改为
CWGT	CHANGE WEIGHT	将货物重量改为
DAPO	DO ALL POSSIBLE	尽一切可能
DDUE	DELAY ACCOUNT OF	由于……原因延误
DEF	DEFINITE	肯定的
DEL	DELAY, -ED, ING; RETARD	延误
DEP	DEPARTURE	起飞、出发
DEPT	DEPARTMENT	部分、部门
DEST	DESTINATION	目的地、目的站
DEVO	DENSITY/VOLUME	密度/体积
DFLD	DEFINITELY LOADED	确已装机
DIMS	DIMENSIONS	容积、尺寸
DISP	DISPATCH, -ED, -ING; DISPATCH	调度、发送
DISPO	DISPOSITION	处理、安排
DL	DELIVER ON	交付
DLV	DELIVER, -ED, DELIVERY	交付、递送
DOCS	DOCUMENT, DOCUMENTS, DOCUMENTATION	文件
EBGO	EMBARGO	禁运

简语	英文全称	中文全称
EEE	MISTAKE	错误
EFF	EFFECTIVE	有效的、现行的
EOA	END OF ADDRESS	地址的末尾
EQPT	EQUIPMENT	设备、装备、飞机
ETA	ESTIMATED TIME OF ARRIVAL	预计到达时间
ETD	ESTIMATED TIME OF DEPARTURE	预计起飞时间
EXLI	EXPORT LICENCE	出口许可证
FDAV	FOUND MAIL DOCUMENT AV. 7	已找到的邮件，AV7 路单
FDAW	FOUND AIR WAYBILL	已找到货运单
FDCA	FOUND CARGO	已找到的货物
FDCD	FOUND CARGO DOCUMENTS RELATION TO	已找到的货运文件
FDMB	FOUND MAIL BAG	已找到的邮包
FIG	FIGURE，FIGURES	数字
FIL	UNDEVELOPED/UNEXPOSED FILM	未冲洗/未曝光胶卷
FIN	FINANCIAL	财务的
FM	FROM（AND INCLUDING）	从……（并包括）
FOB	FREE ON BOARD，FUEL ON BOARD	离岸价格，已加注燃油
FONE	TELEPHONE	电话
FRAV	FIRST AVAILABLE	最早能订到的吨位、航班
FS	SOLD（FREESALE）	已出售（自由出售办法）
FWD	FORWARD，-ED，-ING	运送、向前
G/A	GROUND/AIR	陆/空
GBL	GOVERNMENT BILL OF LADING	政府提单
GMT	GREENWICH MEANTIME	国际标准时间
GSA	GENERAL SALES AGENTS	总销售代理人
HEA	HEAVY（HEAVIER THAN 150KGS）	重的（高于 150 kg）

续表

简语	英文全称	中文全称
HEAC	HEAVY CARGO, REQUIRING SPECIAL LOADING EQUIPMENTS	需要特种装卸设备的特重货物
HK	HOLDING CONFIRMED	吨位已订妥
HN	HAVE REQUESTED SPACE ALLOCATION	已申请留吨位
HR	HOUR；HERE	小时；这里
HS	SOLD；MAKE CARGO/NAME RECORD ONLY	出售；请只做货物/姓名记录
HWB	HOUSE AIR WAYBILL	内部用货运单
HX	CANCELLED；CANCEL CARGO/NAME RECORD ONLY	取消；只需取消货物姓名记录
ICE	DRY ICE SHIPMENT	运输过程需放干冰的货物
IFUN	IF UNABLE	如不能
IGL	IGLOO	弓形顶集装箱
IMLI	IMPORT LICENCE	进口许可证
IMTLY	IMMEDIATELY	立即
INS	INCHES	英寸
INSR	INSURANCE	保险
INSTR	INSTRUCT, -ED；INSTRUCTION	通知、指示
INT	INTERNATIONAL	国际
INV	INVOICE	发票、账单
IRGEV	DECOMMERCIALISATION FOR CHARTER	非商业包机
IRP	IRREGULARITY REPORT/NOTICE OF NON—DELIVERY	无法交付货物通知单/不正常情况查询
IS	IF NOT HOLDING, SOLD	如未留吨位，已售
ISA	IF SPACE AVAILABLE	如有吨位
IX	IF HOLDING, CANCEL	如留有吨位，请取消
KG	KILOGRAM	千克
KK	CONFIRMING	证实

简语	英文全称	中文全称
KM	KILOMETER	公里
LB	POUND（WEIGHT）	磅（重量）
LOC	LOCAL；LOCATION	当地；位置
LOC	LOCAL CARGO（AF）	当地货物
LOCDLVY	LOCAL DELIVERY	当地交付
LOT	BATCH OF［FOLLOWED BY CODE NUMBER（AF）］	一批（随后注明代号）
MC	CUBIC METER	立方米
MCO	MISCELLANEOUS CHARGES ORDER	杂费证
MFST	MANIFEST	舱单
MIS	MISSING	丢失的、下落不明的
ML	MY LETTER（MEMORANDUM ETC.）	我的信（备忘录等）
MNC	MATTER NOW CLOSED	事情了结
MSAV	MISSING MAIL DOCUMENT AV7	未收到的 AV7 邮件路单
MSAW	MISSING AIR WAYBILL	未收到的货运单
MSCA	MISSING CARGO	未收到的货物
MSCD	MISSING CARGO DOCUMENT ATTACHED TO AIR WAYBILL	未收到货运单所附文件
MSCN	MISCONNECTION	衔接错失
MSG	MESSAGE，MESSAGES	电报
MSMB	MISSING MAIL BAG	未收到的邮包
MT	MY TELEGRAM（CABLE，WIRE ETC.）	我的电报
N	INCHES	英寸
NA	REQUESTING SPACE ALLOCATION；IF NOT AVAILABLE WILL ACCEPT ALTERNATIVE	请留吨位，如不照留可改其他航班
NBR	NUMBER	数目
NN	REQUESTING SPACE ALLOCATION；WILL NOT ACCEPT ALTERNATIVE	请留吨位，其他航班不行

续表

简语	英文全称	中文全称
NIL	NO LOAD, NONE, NOTHING	无客、货、无
NOFLC	IMPOSSIBLE TO LOAD NEXT SHIPMENT (AF)	下一批货物不能装机
NOOP	NO OPERATION	无航班
NOREC	NO RECOGNITION	无法识别（找不到）
NR	NUMBER	数目
NTFY	NOTIFY	通知
NWP	NEWSPAPERS, MAGAZINES	报刊、杂志
O/B	ON BOARD	在飞机上
OFLD	OFFLOADED (FOLLOWED BY REASONS)	拉卸（后接原因）
OG	ON GROUND	地面的
O/R	ON REQUEST	应……要求
ORA	OTHER ADVANCE ARRANGEMENTS	需预先安排的其他事项
OSI	OTHER SERVICE INFORMATION	其他服务事项
OTHS	OTHER ADVANCE ARRANGEMENTS	需预先安排的其他事项
OUTG	DISBURSEMENT	垫付、代付
OUTG	OUTLAY EXPENSE	费用自付
OVBK	OVERBOOK	超订
OVCD	OVERCARRIED	载运过站、漏卸
OVFLY	OVERFLY	飞越
P	PART	分批
P	POUND STERLING (UK)	英镑
PAK	SPEED PACK	快速包装
PALT	PALLETS	集装托板
PART	PART SHIPMENTS	部分货物
PART	SPLIT SHIPMENTS	分批发运货物

简语	英文全称	中文全称
PC	PIECES（FIRST TWO DASHES FOR NUMBER OF PIECES）	件数（前面用两小数字表示）
PCL	PARCEL；PACKAGE	包、包裹
PCT	PERCENTAGE；PERCENT	百分比
PDM	POSSIBLE DUPLICATE MESSAGE	可能重复的电报
PER	PERSONNEL	人员
PER	PERISHABLE CARGO	易腐货物
POSS	POSSIBLE	可能性
PP	CHARGE PREPAID	预付运费
PSE	PLEASE	请
PSNT	PRESENT	现在、礼品、在场
QSTN	QUESTION	问题
QTA	CANCEL THIS TELEGRAM	此电取消
QTE	QUOTE	引用、引号
RAC	RESERVED AIR CARGO	已定吨位的货物
RAFR	REVENUE LOAD	收费载量
RART	RESTRICTED ARTICLES	限制物品、危险品
RCFM	RECONFIRM，-ED，-ING；RECONFIRMATION	再证实
RCM	CORROSIVE MATERIAL	腐蚀性物品
RCO	COMBUSTIBLE LIQUID	易燃物品
RCPT	RECEPTION	领受、接受
RCV	RECEIVE，-ED，-ING；RECEIVER	接到、收到
REC	RECORDS	记录
REC	RECEIVE	收到
REF	REFERENCE	参阅
REMF	REFERENCE MY PHONE	关于我的电话

简语	英文全称	中文全称
REML	REFERENCE MY LETTER	参阅我信
REMT	REFERENCE MY TELEGRAM	参阅我的电报
REPR	REPRESENTATIVE	代表
REQ	REQUEST, -ED, -ING	要求、申请
RES	RESERVATION	预订、预约
RET/RTN	RETURN, -ED, -ING; RETURN	回
RET	ETIOLOGIC AGENT	病原菌剂
REV	REVENUE	收益
REX	EXPLOSIVE	爆炸物
REYF	REFERENCE YOUR PHONE	关于你的电话
REYL	REFERENCE YOUR LETTER	参阅你信
REYR	REFERENCE YOUR...	参阅你
REYT	REFERENCE YOUR TELEGRAM	参阅你的电报
RFIL	UNDEVELOPED/UNEXPOSED FILM	未冲洗/未曝光胶卷
RFG	FLAMMABLE COMPRESSED GAS	压缩易燃气
RFL	FLAMMABLE LIQUID	易燃液体
RFS	FLAMMABLE SOLID	易燃固体
RFW	DANGEROUS WHEN WET	遇湿危险物品
RIM	IRRITANT MATERIALS	刺激性物品
RLNG	RELEASING	让给吨位
RLSE	RELEASE	取消吨位
RMAG	MAGNETIC OR MAGNETIZED MATERIALS	磁性或磁化物品
RMRK	REMARK	注意、备注、评论
RMV	REMOVE	移动、迁移
RNG	NON - FLAMMABLE COMPRESSED GAS	不易燃压缩气

简语	英文全称	中文全称
ROP	ORGANIC PEROXIDE	有机过氧化物
ROX	OXIDIZING MATERIAL（EXCEPT FOR ORGANIC PER-OXIDES）	氧化物（有机过氧化物除外）
RPB	POISON，CLASS B	二级毒品
RPC	POISON，CLASS C	三级毒品
RPOI	POISON，POISON GAS OR TEAR GAS（POISON LA-BEL）	毒、毒药、毒瓦斯或催泪瓦斯（有毒标签）
RPT	REPEAT，-ED，-ING；REPETITION	重复
RRW	RADIOACTIVE MATERIALS，CATEGORY 1（WHITE LABEL）；RADIOACTIVE MATERIALS，CATEGORIES 2 AND／OR 3（YELLOW LABEL）	一级放射物品，一级包装（白色标签）；二、三级包装（黄色标签）
RQ	REQUEST	要求
RQID	REQUEST IF DESIRED	如需要请申请
RQR	REQUEST FOR REPLY	请回答
RTG	ROUTING	路线
RUSHR	RUSH REPLY	尽快答复
SAFR	SERVICE AIR FREIGHT	公务货物
SHDP	SHIPPER DEPOSIT	托运人预付款
SHPMNT	SHIPMENT	一批货物
SHPR	SHIPPER	托运人
SIG	SIGNATURE	签字
SKED	SCHEDULE	班期时刻、表
SLI	SHIPPER′S LETTER OF INSTRUCTIONS	托运书
SPCK	SPOT CHECK	当场检查
SPCL	SPECIAL	特别的
SPEC	SPECIFICATION	明细单
SPPT	SPARE PART	备份零件

简语	英文全称	中文全称
SS	REPORTING SALE	告知已出售（根据随售随报原则）
SSPD	SHORTSHIPPED	漏装
SSR	SPECIAL SERVICE REQUIREMENT	请提供特殊服务
STAL	HORSE STALLS	马厩
STD	STANDARD	标准
STP	STOP	停、经停站、句号
SUBT	SUBSTITUTE	替换、代替
SUR	SURFACE TRANSPORTATION	地面运输
T	TOTAL	总数、总件数
TAR	TARIFF	运价
TDA	TODAY	今天
TEMP	TEMPERATURE	温度
TEMPO	TEMPORARY	暂时
TERM	TERMINATE, -ED, -ING, TERMINAL	终止、终点站
TFC	TRAFFIC	交通、运输、业务
TGM	TELEGRAM	电报
THRM	THROUGH	联程、通过、直达
TKS	THANKS	谢谢
TOD	TIME OF DELIVERY	交付时间
TOR	TIME OF RECEIPT	收到时间
TOT	TIME OF TRANSMISSION	转运时间
TOTL	TOTAL	总数
TRA	TRANSIT	过境
TRAD	REQUEST FOR 1) DATE AND FLIGHT OF ARRIVAL OR IF AVAILABLE 2) DATE OF DELIVERY, TRANS-FER, OR ADVICE THAT SHIPMENT IS UNDELIVERED	要求告知 1. 航空到达日期和航班号 2. 提取、转运日期或通知来提取货物

简语	英文全称	中文全称
TRF	TRANSFER (ED) (TRANSSHIPMENT) FOLLOWED BY DATE AND AIR CARRIER TO WHOM TRANSFERRED, E. G. "TRF 14OCT AA"	转运，后加日期、承运人如"TRF 14OCT AA"
TRFC	CARGO TRANSFER	货物转运
TRFM	MAIL TRANSFER	邮件转运
TRM	TRANSFER MANIFEST	转运舱单
TXT	TEXT	原文、文本
UBAG	UNACCOMPANIED BAGGAGE	作为货物运送的行李
ULD	UNIT LOAD DEVICE	集装箱运输
UN	UNABLE, FLIGHT DOSE NOT OPERATE	不能、航班停飞
UNCTC	UNABLE TO CONTACT	不能联系
UNDLV	UNDELIVERED	未交付
UNQTE	UNQUOTE	反引号
URC	UNRESERVED CARGO	未订妥吨位的货物
URG	URGENT	紧急
USD	DOLLARS (US)	美元
UU	UNABLE, HAVE WAITLISTED	不能照留、已列入候补
VAL	VALUABLES	贵重物品
VFY	VERIFY	核实
VK	VOLUME CLASS	体积等级
VOWT	VOLUME/WEIGHT	体积/重量
VV	VICE VERSA	反过来也一样
WIAT	WITH LIVESTOCK ATTENDANT	有动物押运员
WGHT	WEIGHT	重量
WOAT	WITHOUT LIVESTOCK ATTENDANT	无动物押运员
WT	WEIGHT	重量

简语	英文全称	中文全称
XR	CANCELLATION RECOMMENDED	建议取消
XX	CANCEL ANY PREVIOUS SPACE ALOCATION OR SPE-CIAL SERVICE REQUEST	取消已定妥的各种吨位或特别服务要求
XXCOD	CANCEL COD	取消货款到付
YL	YOUR LETTER	你的来信
YT	YOUR TELEGRAM（CABLE，WIRE ETC.）	你的电报
YY	WHEN USED INSTEAD OF COMPANY CODE，CON-CERNS ALL MESSAGE ADDRESSEES 2）FOLLOWED BY FRAV：ANY COMPANY ACCEPTED	代替航空公司代号时，表示所有收电单位都应采取行动 2）随后用 FRAV 时，表示任何航空公司均可
Z	GREENWICH MEANTIME	国际标准时间
ZFW	ZERO FUEL WEIGHT（AT DEPARTURE）	无油重量（起飞时）

第十章　计算机离港系统配载平衡

离港系统介绍（软件）如图 10.1 所示。

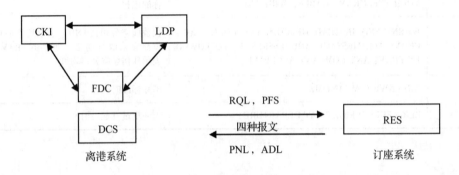

图 10.1　离港系统和订座系统

计算机离港控制系统（Departure Control System），简称 DCS，是中国民航引进的美国 UNISYS 公司的航空公司旅客服务大型系统，分为旅客值机控制（CKI）、配载平衡（LDP）两大部分。CKI 与 LDP 可以单独使用，也可以同时使用。它们在使用过程中由 FDC（Flight Data Control）系统进行控制。

LDP：航班配载平衡模块。CKI：值机控制模块。FDC：航班数据控制模块。

①RQL 名单申请报，初始化航班时向订座系统发送；②PNL 旅客名单报，订座系统向离港系统发送；③ADL 名单增减报，初始化后实时发报；④PFS 最终销售报，DCS 旅客办理情况。

CHECK-IN（CKI）是一套自动控制和记录旅客登机活动过程的系统。USAS CKI 记录旅客所乘坐的航班、航程、座位证实情况，记录附加旅客数据（如行李重量、中转航站等），以及接收旅客情况或将旅客列为候补情况。USAS CKI 可以顺序接收旅客、候补旅客，也可以选择接收；旅客也可以一次办理多个航班的登机手续。

LDP 为英文 Load Planning 的缩写，是中国民航计算机离港系统中的一个应用模块，供航空公司、机场配载工作人员使用。传统的手工配载方式工作程序复杂，环节较多，人为因素影响大，容易产生错误。计算机配载平衡将员工从烦琐的手工方式中解脱出来，大大提高了配载工作效率和配载准确性，已为世界航空界广泛采用。主要实现：建立配载航班信息；根据飞机平衡要求，确定业载分布；制作航班的舱单；发送相关的业务报文。

一、建立配载航班（LCFD）

（1）指令功能：
- 显示一张已经存在的配载航班数据表格，指令自动转化为修改命令 LCFU；
- 显示一张待填入的航班空表格，指令自动转化为修改命令 LCFU。

（2）使用条件：
- 如果与值机系统连接且航班配置等数据是准确的，在值机系统中由控制员用 FU 指令加上飞机注册号，值机系统会自动向配载系统发送 ASM 报文建立航班。

航班的经停站、注册号、布局需要更改时，返回信息一般是 ACK—CHECK WT & BALANCE DATA，即有可能影响油量、客货、邮件的信息，所以还要重新修正这些数据。

```
>LCFD：FLT/DATE
>LCFD：CA1511/19NOV/PEK
LCFU：        CA1511/19NOV       DATE/TIME：19NOV99/12：47：43
STN    A/C    CONFIGURATION      ARVL    DPTR    GATE    CONT—WAB·Y
PEK    B2947  Y148                       1530            _____
KHN    _____                    1740 __ _____
_____ _____                            _____
```

第 2 行 STN 为航站信息，A/C 为飞机注册号，CONFIGURATION 为布局；在 LLAF 中查看，ARVL 为到达时间，DPTR 为出发时间，GATE 为登机口。

通常情况下是由 CKI 添加飞机注册号，将航班数据传过来，自动建立配载航班。由于特殊原因，也可以手工建立配载航班。

>LLAF：CA 查看此航空公司所有飞机的注册号及座位布局

若输入此命令系统显示：

STATION：表示输入的航站（STN）信息在系统中未建立，需在 LAID 指令建立后即可。

CONFIGURATION：表示输入的飞机注册号与座位布局不符，检查 LLAF 中定义。

二、航班油量控制（LFFD）

```
>LFFD：FLT/DATE
>LFFD：CA1511/./PEK
LFFU：CA1511/19NOV99 PEK   KHN AC B2947    Y148              GATE 37
WEIGHT KG      737-3J6      ETD 1530   DATE/TIME：20NOV/12：59：53
FUEL -ARVL：    _____                           WEIGHT   INDEX
    - ADD：     __ 8500   MIN：   __ 453    FUEL BALLAST：_____    _____
                        MAX：   14365    WATER INJECT：_____    _____
                        SUG：   __ 8500   TANKERING    ：_____    _____
    -TAXI：     __ __227   TOF：    8500   TYPE：           _
    - B/O：     __5000
TOTAL FUEL：  8727   MODE：STD   DENSITY：6. 7 __
FUEL DISTRIBUTION：
TTL—WT TANK1 TANK2 TANK3 TANK4 CENTER   R1    R2    R3    R4
REMARKS：_____
```

第 3 行 FUEL‐ARVL 为到达剩油；

第 4 行 ADD 为加油量，MIN 为最小加油量，MAX 为最大加油量，SUG 为建议用油量（系统根据历史数据建议的加油量）；

第 7 行 TAXI 为滑行耗油，不可修改，由静态数据中取得；

第 8 行 B/O 为飞行耗油，公式：ARVL—ADD—B/O>MIN。

油量控制表需输入航班加油（ADD）、燃油（B/O）。

若输入此命令系统显示：

ACK — FUEL DISTRIBUTION NOT FOUND 表示系统接受输入。

STATUS IS NOT AUTOMATED 原因为 LAID 中定义的航站数据中禁止使用配载（LDP：N），需要建立后，修改 LCFD 中航站 LDP 数据为 Y 后，删除配载航班（LFIX），重新输入 LCFD 建立航班。

三、航班配货、加旅客（LPAD）

指令功能：
- 显示一张已经存在的航班业载数据表格，指令自动转化为修改命令 LPAU；
- 显示一张待填入的航班业载空表格，指令自动转化为修改命令 LPAU。

1. 配货（LPAD……CGO1）

```
>LPAD：FLT/DATE/CGO1
>LPAD：CA1511/. /CGO1/PEK
>LPAU：CA1511/19NOV99/CGO1    PEK    KHN    A/C  B2947    Y148        ETD 1530
WEIGHT KG      737-3J6                        DATE/TIME：20NOV99/13：10：02
LFSD：_ LPDD：_ CUMULATIVE CHECKS：Y  RESTHOLD POSITION ____  WGT ____
                PAYLOAD REMAINING：5865   STATUS    FINAL
DEST ACTWGT ESTWGT TYPE   SERIALIND   CONT   POS /PRI  RSTCT CARGO DST
KHN   300    300    BY                        1H   A0 1
KHN   259    259    BY                        4H   A0 1
KHN   96     96     C                         4H   A0 1
KHN   305    305    M                         4H   A0 1
KHN   300    300    BY                        4H   A0 1
```

第 4 行 PAYLOAD REMAINING 为剩余业载。

第 5 行 DEST 为货物到达站；

ACTWGT 为货物实际重量，行李重量自动传送；

ESTWGT 为货物预计重量，预计重量≥实际重量；

TYPE 货物类型：C 货物、M 邮件、B 行李、T 转港行李、BY Y 舱行李、BT 过站行李（前方航站经过本地的行李，前方用 DCS 可以自动传送）、CT 过站货物、X 空集装箱；

SERIAL IND 为装箱/板序列号（如：AKE3304CA　P6P6746CA 等）；

CONT 为集装箱/板类型（如：P6P LD3，LADD：CA/飞机号/CGO1 定义可以装载的集装箱类型）；

POS 为货物所在货舱货位标志（LADD：CA/飞机号/CGO2 定义货舱货位标志）；

PRI 为优先级，一般由系统自动分配；

RSTCT CARGO 为货物限制，自由格式（目前暂未用）；

DST 为最终到达地，备注信息。

若输入此命令系统显示：

POS 表示输入的货位标志错误，请检查系统定义。（输入货物信息时注意各个舱位、货位的联合限重。LADD：CA/飞机号/CGO1 中定义。）

2. 本站旅客数（LPAD……PAX）

```
>LPAD：FLT/DATE/PAX
LPAU：      CA1511/19NOV99/PAX    PEK  KHN  A/C  B2947  Y148     ETD     1530
WEIGHT KG        737-3J6                    DATE/TIME：20NOV99/13：10：02
        LFSD _     LPDD _            GENDER REQD  Y
                        M     F      C    I     T        RANGE
AVG PSGR WGT：   75    75    38    10           LOW：HIGH：
PASSENGERS：  Y   104                                   ____  ____


              TTL   104


                       0A   0B   0C
COMPARTMENT CAPACITY：  48   52   48
COMPARTMENT COUNT：     33   46   25                      USE·Y
COMPARTMENT DISTR：     34   36   34
PAYLOAD REMAINING：     7818   AVERAGE BAGGAGE WGT：  __ 20
CARGO SPECIAL HNDLG：   _____
        REMARKS：       _____
```

第 3 行 LFSD __ 的功能是在 __ 处输入"Y"可以直接到 LFSD 指令显示。LPDD __ 同 LFSD。

第 4 行 M 为成人男，F 为成人女，C 为儿童，I 为婴儿，T 为过站，A 为成人。

第 5 行 AVG PSGR WGT 为平均旅客重量。

第 6 行 PASSENGERS Y 表示每个舱位接收多少旅客和舱位分类；

　　　TTL 为总数。

第 8 行　　　　　　　　　　0A　　0B　　0C　分区

COMPARTMENT CAPACITY：　48　　52　　48　每个分区最大可容旅客数

COMPARTMENT COUNT：　　33　　46　　25　分区计算旅客数量，自动加入

COMPARTMENT DISTR：　　34　　36　　34　系统建议分布，可以不考虑

PAYLOAD REMAINING：　　剩余业载

注意：当航班值机、配载都使用离港系统时，PAX 表中数据不用手工输入，由系统自动传过来。旅客总数指占座数，即包括儿童，不包括婴儿。当航班单独使用配载时，PAX 表中数据需要手工输入。

3. 过站旅客数（LPAD……PAX1）

```
>LPAD：FLT/DATE/PAX1
LPAU：CA1511/19NOV99/PAX1 PEK    KHN  A/C   B2947    Y148         ETD  1530
WEIGHT KG                737-3J6               DATE/TIME：20NOV99/13：10：02
                            ＊＊＊＊＊TRANSIT＊＊＊＊＊
        PAX  BY  GENDER   SEATS OCC.   BY CLASS TOT
DEST  M    F    C    I     Y
KHN   __   __   __   __        __                0

                                    TOTALS      0
```

第 3 行 ＊ TRANSIT ＊ 为过站旅客标志。

第 4 行 PAX BY GENDER　SEATS OCC. 表示根据旅客性别，BY CLASS TOT 表示根据舱位。

前站如果使用离港系统做配载平衡，过站数据可以通过前站释放过来。前站未使用离港系统，过站数据要手工输入。

4. 本站 CKI 旅客数（LPAD……PAX2）

```
>LPAD：FLT/DATE/PAX2
LPAU：CA1511/19NOV99/PAX2 PEK   KHN   A/C   B2947    Y148       ETD  1530
WEIGHT KG                737-3J6               DATE/TIME：20NOV99/13 10：02
                            ＊＊＊＊＊CHECKED＊＊＊＊＊
PAX BY GENDER      SEATS OCC .  BY CLASS TOT       BAG WEIGHT
DEST  M    F    C    I     Y               PREF   OTHR   TRAN
KHN  104  __   __        104        104         __   __ 859    __

                           TOTALS   104              0    859    0
```

第 5 行 PREF　F 舱行李　OTHR 普通舱行李　TRAN 过站行李

四、查看航班状态、关闭航班（LFSD）

```
>LFSD：FLT/DATE
LFSU：CA1511 /19NOV99        PEK   KHN    A/C B2947    ETD 1530    GATE 37
LCWS_   LLSP_          737-3J6            DATE/TIME：20NOV/13：48：05
STATUS - FLT： C   CKI： C  FUEL：N   CGO：         CONF Y148
WEIGHT   ACTUAL KG                 ACTUAL  MAXIMUM  MINIMUM
THRU     000000      PAYLOAD      009060   14925
CARGO    000096      ADJ OEW      033284
BAGS     000859 / 0062   ZFW       042344   048209
PSGRS    007800 / 104    FUEL STD   8500    14365   000453
MAIL     000305      TOGW  LNS     050844   56709
RANGE Y 000/148
TO PWR/FLAP 00    LNDG  FLAP  00    WX         TO RWY  ALT  RWY
          HLD1   HLD2  HLD3  HLD4  HLD5       TRIM
                                              004. 9    31L-
AFT  LIM 000000 000000 000000 000000 000000  A TOMAC  16. 23 %
FWD  LIM 000000 000000 000000 000000 000000  A ZFMAC  16. 63 %
ACT LOAD  300      0      0     960     0     A DLMAC  20. 20 %
CGO SPECIAL HNDLG：
      REMARKS：NONE
```

第 3 行 FLT 表示配载航班状态，可输入项 O—开放，C—关闭，P—关闭但不发报，R—过站数据释放，向下一站释放过站数据，打完舱单后释放过站数据。

CKI 表示值机航班状态，O—开放，值机没有中间关闭，C—值机航班中间关闭，做 CCL，U—值机与配载联系中断（多由于值机与配载航班不匹配），在 OFFICE—Q 中可以找到，M—配载单独使用。

第 4 行 ACTUAL 为实际载量，MAXIMUM 为最大载量，MINIMUM 为最小载量。

第 5 行 THRU 为过站业载，PAYLOAD 为本站业载。

第 6 行 CARGO 为本站货+邮件，ADJ OEW 为操作空量，表示飞机没有加油加业载的重量。

第 7 行 BAGS 为本站行李，000859/0062 为重量/件数，ZFW 为零油重。

第 8 行 PSGRS 为本站+过站旅客，007800/104 为重量/人数，FUEL STD 为加油量。

第 9 行 MAIL 为本站邮件，000305 为重量，TOGW 为起飞重量，LNS 为落地重。

可以有以下三种情况：LNS 为落地重+耗油，TOGW—ZFW 为零油重+加油，飞机最大起飞重量不一样，系统取最小值。CERT 在静态数据中读取额定起飞重量（LADD：CA/飞机号/CERT 中定义）。

第 10 行 RANGE 为布局。

第 12 行 HLD1～HLD5 表示 5 个货舱，TRIM 为水平尾翼。

第 13 行 AFT LIM 为前线；TOMAC 为起飞平均空气动力弦，配载指数。

FWD LIM 为后线；ZFMAC 零油平均空气动力弦。

ACT LOAD 为实际业载＝货+邮+行；DLMAC 为 DEAD LOAD 平均空气动力弦。

最后一行当重心不符合要求时，系统有提示信息。例如 "AIRCRAFT NOSE HEAVY AT ZFW"。

五、打印舱单（LLSP）

（1）指令功能：

通常情况下航班在使用 LFSD 指令关闭时，只需在 LLSP 处设为 Y，系统将自动打印舱单，但是如果需要重复打印，可直接使用本指令输出。

（2）使用条件：

- 使用指令的航站必须在航班的经停航线上，而且航班已经关闭但还未释放，航班处于平衡状态；

- 在 LAID 收报地址表中定义了收报地址。

>LLSP：FLT/DATE/CITY/ADDR

>LLSP：CZ3472/./KMG/PEKXXCA

舱单格式如下：

```
QD PEKXXCA
. CTURRSZ 251123
CAAC-CZ
L O A D S H E E T      CHECKED           APPROVED        EDNO
ALL  WEIGHTS  IN  KG                                     01
FROM/TO  FLIGHT        A/C REG  VERSION   CREW     DATE      TIME
KMG CTU  CZ3472/25MAY  B2941    Y148      4/4/0    25MAY01   1923
                                WEIGHT          DISTRIBUTION
LOAD IN COMPARTMENTS            531        1/0  2/0  3/37  4/494  0/0
PASSENGER/CABIN BAG             10463      139/1/0     TTL 140  CAB 0
MAX TRAFFIC PAYLOAD             13923      PAX 140
TOTAL TRAFFIC LOAD              10994      BLKD 3
DRY OPERATING WEIGHT            33090
ZERO FUEL WEIGHT ACTUAL         44084      MAX  48307     ADJ
--------------------
TAKE OFF FUEL                   7319
TAKE OFF WEIGHT   ACTUAL        51403      MAX  61235     ADJ
--------------------
```

```
TRIP FUEL                        2623
LANDING WEIGHT    ACTUAL     48780  MAX  51709  L  ADJ
- - - - - - - - - - - - - - - - - - -
BALANCE AND SEATING CONDITIONS        LAST MINUTE CHANGES
DOI      38.29 DLI      43.79    DEST  SPEC   CL/CPT + - WEIGHT
LIZFW    44.61 MACZFW   19.36
LITOW    41.39 MACTOW   17.63
LILAW    41.12 MACLAW   17.54
              DLMAC     19.54
STAB TO   4.7 MID
SEATING
0A/45 0B/52 0C/43
UNDERLOAD BEFORE LMC     2929          LMC TOTAL + -
LOADMESSAGE AND CAPTAINS INFORMATION BEFORE LMC
BW  33090 KGS          BI   38.29
TZFW/CTU  33727 KGS
LDM
CZ3472/25. B2941. Y148. 04/04
-CTU. 131/1/0. 0. T494. 4/494
. PAX/132. PAD/0
-CGO. 8/0/0. 0. T37. 3/37
. PAX/8. PAD/0
SI
 BW 33090 BI 38.29
 CTU FRE 0 POS 0 BAG 494 TRA 0 BAGP 46
 CGO FRE 0 POS 0 BAG 37 TRA 0 BAGP 46
=
```

六、手工发报（LLDM/LLPM/LCPM/LMSD）

>LLDM：FLT/DATE/CITY　　　　发载重报

>LLPM：FLT/DATE/CITY　　　　发预配报

>LCPM：FLT/DATE/CITY　　　　发箱板报

>LMSD：FLT/DATE/MSG—TYPE/CITY　　　添加补充信息，原有电报内容+补充信息 MSG—TYPE。LLDM/LCPM/LLPM 添加补充信息时，只需输入正文，不用加 SI，否则报文将被拒绝。

七、辅助指令

1. 修改航班操作数据（LODD）

```
>LODD：FLT/DATE
LODU：CA1511/19NOV99/PEKKHN A/C B2947   737-3J6            20NOV99/13：48：05
WEIGHT   KG   TEMP   0 ____      ETD 1530     GATE 37       CREW · _ 3 · _ 5   0
J/S    _____   _____   _____   _____
CONF Y148        CPM · _____        OTH · Y148 _____
                 N               N                        N
                 N               N                        N
                 N               N                        N
OEW-ADJ          INDEX        DESCRIPTION：CREW COMPLEMENT
_____           _____               CATERING REQUIREMENT
                                      DECK VERSION NONE
_____           _____      _____

BASIC：  WGT 33284   IDX __ 39. 57   DRY OPERATION：WGT    33284   IDX 39. 57
ADJ：  ATOGW _____   CLIMB _____   CERT _____   LNDG NXT  STP _____
REASON：· _____
PWR/FLAP  ___ 00  ___ 00  ___ 00  ___ 00  ___ 00  ___ 00  DECK VERSION __ /__
RUNWAY    31L-_   _____   _____   _____        PFD-LND-RNY 01 __ - __
ATOGW     __ 61234   _____   _____            A-LND-WT ___ 51709
CLIMB     _____   _____   _____   _____       MODE    STD
OTH LIMIT  _____  _____   _____   _____   _____   LND-FLAP __
```

主要适用于加减机组，修改飞机操作空重。

第2行CREW为额定机组数重量，在LADD：CA/……/CERT中定义，在修改机组时，修改后XMIT如果OEW—ADJ有变化说明系统有数据，自动加入。如果系统中没有机组配置数据则需要手工输入修改。机组调整参考LADD：……/CREW，可能有几种不同的配置。

第6行BASIC为飞机基本重量标准（包括机组在内），IDX为飞机基本指数，DRY OPERATION 操作空重（包含修改机组数量），IDX为调整以后的指数。

第11行ATOGW为实际起飞重量。

2. 显示配载航班预配重心 (LPDD)

```
>LPDD: FLT/DATE
LPDD: CA1511 /19NOV99/PEKKHN/2        AC B2947        Y148
WEIGHT KG            737-3J6                              ETD 1530   GATE 37
PAX 104
POS DEST  WGT    TYPE PR  SERIAL-NBR CONT-TYP        RESTRICTED CARGO
1   KHN  00300   BY  01
4   KHN  00259   BY  01
4   KHN  00096   C   01
4   KHN  00305   M   01
4   KHN  00300   BY  01
TOTAL WGT: 001260
ZFW (KG): 042344 FWD LIMIT CG: 9. 74 ZFWMAC: 16. 63 AFT LIMIT CG: 28. 55
CARGO SPECIAL HNDLG:
REMARKS:
```

第 3 行 PAX 为旅客数量，在接收之前不会有数字。

第 4 行与 LPAD 相同。

第 5 行 TOTAL WG 为预配总数（不包括旅客）。

第 6 行 ZFW（KG）为零油，FWD LIMIT CG 为前限，ZFWMAC 为实际重心，偏中间最好，AFT LIMIT CG 为后限。

3. 显示航空公司飞机注册号及布局 (LLAF)

>LLAF: CA

4. 显示配载有效航班 (LFLD)

>LFLD: CA/19NOV99

5. 显示配载报文地址定义 (LAID)

```
>LAID: AIRLN/CITY        >LAID: CA/PEK
LAIU:                                        DATE/TIME: 15JUL99/17:14:54
IATA CODE: PEK            AIRLINE: CA        MECHIND:  CKI Y  LDP Y
NORMAL TAKEOFF RUNWAY:   31L-_       NORMAL LANDING RUNWAY:   31L-_
LOAD SHEET ADDRESS:    PEKLSPR        FUEL SHEET  ADDRESS:    PEKLSPR
LOAD INSTR ADDRESS:    PEKLSPR
     EZFW ADDRESS:    PEKUOCA          REJECT CITY CODE   :   PEK
LDM  A PEKKLCA  A PEKUTCA N PEKVTCA N PEKTZCA N BJSTDCA
     A PEKKUCA  A PEKUDCA A PEKUOCA  A PEKUACA A PEKKNCA
LPM  A  PEKWHCA  _ _____  _ _____  _ _____  _ _____
        _ _____  _ _____  _ _____  _ _____
```

```
CPM   A  PEKKLCA   N  PEKTZCA   A  PEKKUCA   N  SHAKLMU   A  PEKUACA
      A  PEKFCCA   _ _____   A  PEKUOCA   A  PEKUDCA   A  PEKUDCA
UCM   N  PEKKLCA   A  PEKAPC    A _____   A  PEKKUCA   A  NKGTZCA
      A  PEKKNCA   _ _____   _ _____   _ _____   _ _____
LDP      PEKLNCA      PEKL2CA      PEKL3CA      PEKL4CA      PEKL5CA
CGO   A  PEKTZCA   _ _____   _ _____   _ _____   _ _____
REJ      LPI       COM   ASM      LPM       LDM       CPM       SOM       GEN       UWS
FF/CD    003/LO    003/LO   003/LA   003/LO   003/LO   003/LO   03/LO    003/LO    003/LO
RUNWAYS：31L-_   31R-_   18L-_   18R  ____  ____  ____  ____
         ____  ____  ____  ____  ____  ____  ____  ____
```

第 2 行 CKI LDP 都是 Y，才可使用 LDP。

第 4 行 LOAD SHEET ADDRESS LLSP 为缺省的舱单打印机地址，如果机场无数据，则无法建立航班。

6. 显示飞机基本数据（LADD）

>LADD：AIRLN/注册号/OPT

>LADD：CA/B2947/CERT　　　　显示飞机基本操作重量及指数

>LADD：CA/B2947/CREW　　　　显示机组配置

>LADD：CA/B2947/CGO1　　　　定义货舱载重、力臂、箱板

>LADD：CA/B2947/CGO2　　　　显示货舱标志和允许的集装箱/板

7. 过站航班处理

1）上一站用 DCS

上一站释放数据　LFSD：FLT：R

2）上一站无 DCS

<1>建立航班时，加入上一个航站信息

修改上一站数据　LFSD：CKI：C/O —> M

手工输入过站数据

　LPAD：……CGO1/PAX/PAX1/PAX2

<2>建立航班时，不加一个航站

手工输入过站数据

　LPAD：……CGO1/PAX/PAX2

附　录

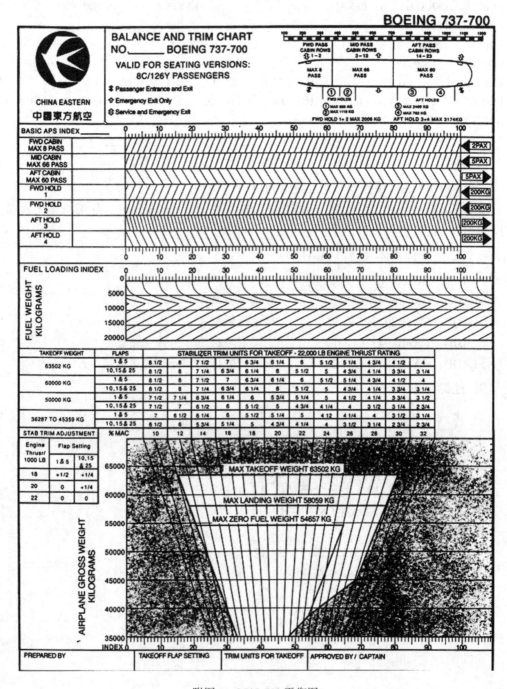

附图 1　B737-700 平衡图

BASIC APS WEIGHT	⇒					PRIORITY　ADDRESS(ES)			LOADMESSAGE
APS ADDITIONS	+								Passenger Aircraft
APS DELETIONS	−					ORIGINATOR RECHARGE/DATE/TIME INITIALS			ALL WEIGHTS IN KILOGRAMS

LDM

FLIGHT　　A/C REG　　VERSION　　CREW　　Date

ADJUSTED APS WEIGHT	=					MAXIMUM WEIGHTS FOR	⇒	ZERO FUEL	TAKEOFF	LANDING
RAMP FUEL	+					Take-off Fuel	+		Trip Fuel	
RAMP WEIGHT	=					ALLOWED WEIGHT FOR TAKE-OFF (lowest of a, b, c)	=	a	b	c
TAXI FUEL	−					Operating Weight	−			
OPERATING WEIGHT	=					ALLOWED TRAFFIC LOAD	=			

DEST	PASSENGERS		Cab. Bags		TOTAL	Distribution of Weight					Remarks	
	No.	Weight				1	2	3	4	0	PAX	PAD
___	M		Tr									
	A/F		B									
	Ch		C							•PAX / /	•PAD / /	
	Inf		M									
•		•	•T		•1/	•2/	•3/	•4/	•0/			
___	M		Tr									
	A/F		B									
	Ch		C							•PAX / /	•PAD / /	
	Inf		M									
•		•	•T		•1/	•2/	•3/	•4/	•0/			
___	M		Tr									
	A/F		B									
	Ch		C							•PAX / /	•PAD / /	
	Inf		M									
•		•	•T		•1/	•2/	•3/	•4/	•0/			

TOTAL			T			ALLOWED TRAFFIC LOAD	=		BALANCE CONDITIONS
PASSENGER	+					TRAFFIC LOAD	−		ZERO FUEL ___ %MAC
TOTAL TRAFFIC LOAD	=								TAKEOFF ___ %MAC
ADJUSTED APS WEIGHT	+					UNDERLOAD	=		
ZERO FUEL WEIGHT MAX	=								

LAST MINUTE CHANGES

TAKE-OFF FUEL	+					DEST	ITEM	CABIN	+/−	WEIGHT	INDEX UNITS
TAKE-OFF WEIGHT MAX	=										
TRIP FUEL	−										
LANDING WEIGHT MAX	=										

	MAX CERT ZERO FUEL WEIGHT ___ KG	LAST MINUTE CHANGES	+
	MAX CERT TAXI WEIGHT ___ KG		−
ZFW ___ KG	MAX CERT TAKE-OFF WEIGHT ___ KG		
	MAX CERT LANDING WEIGHT ___ KG		
TW ___ KG			
	INDEX UNITS= $\dfrac{\text{WEIGHT (KG)}\times[\text{ARM(IN)} - 658.3]}{30000}$	TOTAL LAST MINUTE CHANGES	=
TOW ___ KG			
	For APS Index, ADD +45 Units.		
LW ___ KG			

APRIL 2002　　ORIGINAL RELEASE

附图 2　B737-700 载重表

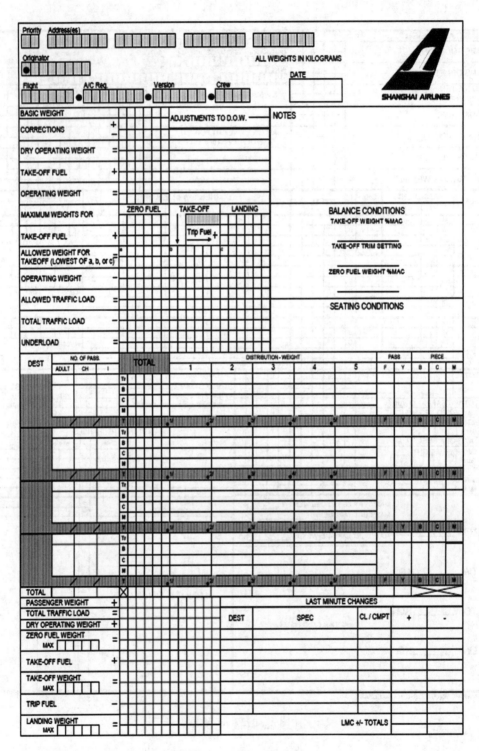

附图 3　B737-800 载重表

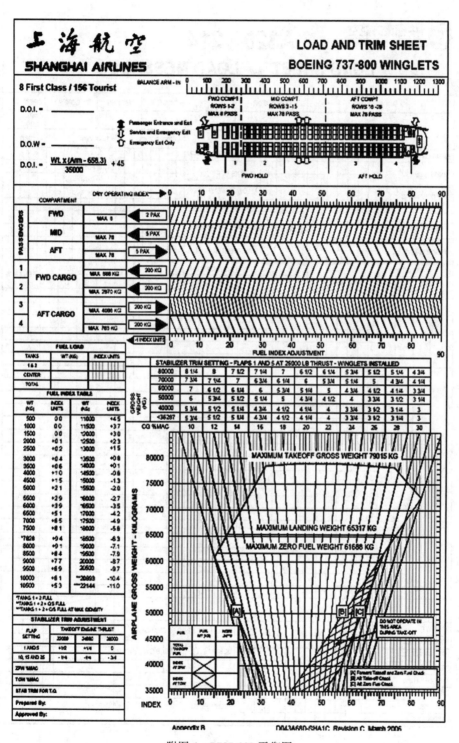

附图 4　B737-800 平衡图

A320 - 214
LOAD SHEET AND LOAD MESSAGE

DATE:

ADDRESS	ORIGINATOR	LDM	FLT/DATE	A/C REG	CONF	CREW
			MU /	B-		CAPT PLUS

	INDEX	MAXIMUM WT FOR ——	ZERO FUEL	TAKE-OFF	LANDING
BASIC OPTG WT	+	+			
CORRECTIONS	+/-	+/-	TAKE-OFF FUEL		TRIP FUEL
DRY OPERATING WEIGHT			ALLOWED WEIGHT FOR TAKE-OFF (LOWEST of a, b, or c)	a · b · c	
TAKE-OFF FUEL			OPERATING WEIGHT		
OPERATING WT			ALLOWED PAYLOAD		

NO. OF PSGR				LOAD DISTRIBUTION					PIECE					REMARKS
DEST	ADLT	CHD	INF	TOTAL WEIGHT	1	3	4	5	0	F	Y	B	C	M
				Tr										
				ULD										
				B										
				C										
				M										
				T	1	3	4	5	0	F	Y	B	C	M

PSGR WT
TOTAL PAYLOAD
DRY OPERATING WT
ZERO FUEL WT
TAKE-OFF FUEL
TAKE-OFF WT
TRIP FUEL
LANDING WT

TOTAL

LAST MINUTES CHANGES

DEST	NO. OF PSGR	CLASS	B.C.M.	HOLD
	+		+	
	+		+	
	-		-	

ALLOWED PAYLOAD

TOTAL PAYLOAD

UNDERLOAD

PREPARED BY

CAPTAIN

BALANCE-CHART-A320-CHINA-EASTERN-A320-214-CES

附图 5 A320-214 载重表

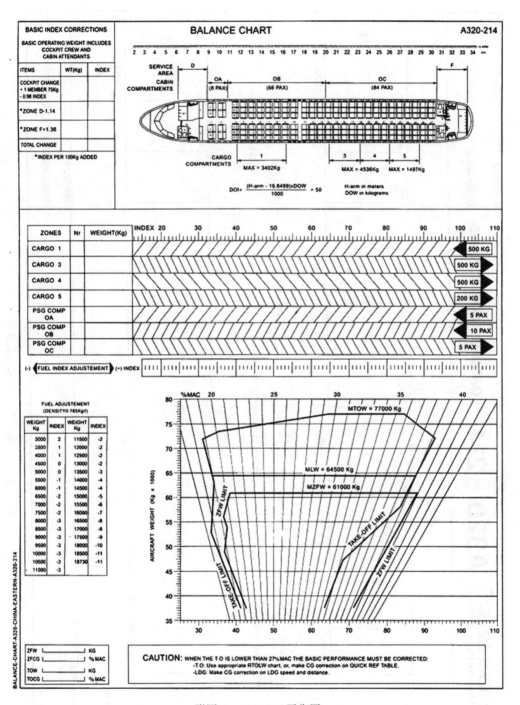

附图 6　A320-214 平衡图

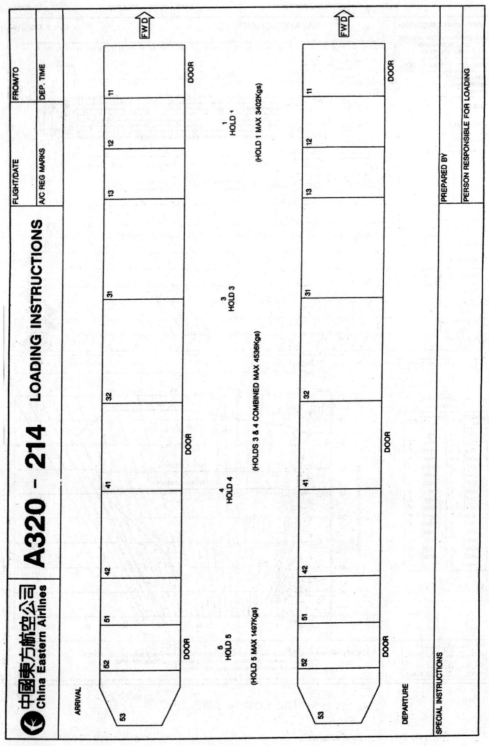

附图7　A320-214装机单

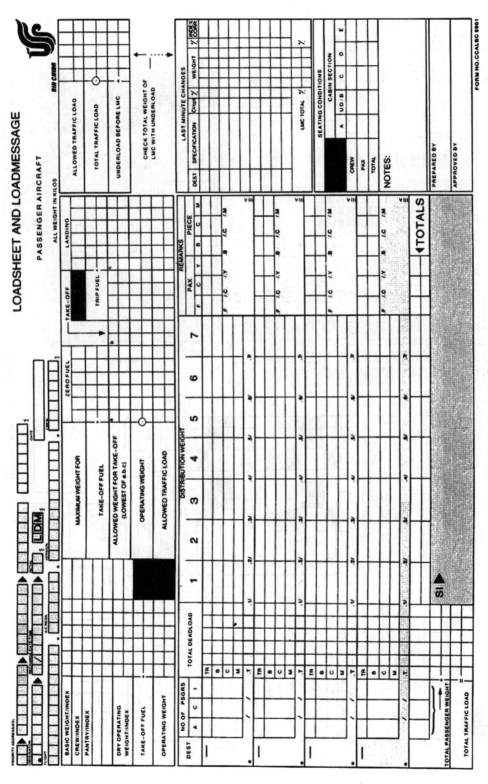

附图8　B767-200载重表

WEIGHT AND BALANCE MANIFEST

AIR CHINA

767-200

FLIGHT	A/C REG	DATE

A 18PAX ROWS 1—3 | B 66PAX ROWS 6—14 | C 130PAX ROWS 15—33

CPT 1 | CPT 2 | CPT 3 | CPT 4 | CPT 5

BALANCE CALCULATION

ALL WEIGHT IN KILOS

ITEM	WEIGHT
DRY OPERATING WEIGHT	
TOTAL TRAFFIC LOAD	+
ZERO FUEL WEIGHT MAX (LMC + −)	=
TAKE-OFF FUEL	+
TAKE-OFF WEIGHT MAX (LMC + −)	=
TRIP FUEL	−
LANDING WEIGHT MAX (LMC + −)	=

	−	+	−	+
DOI				
CPT 1				
CPT 2				
CPT 3				
CPT 4				
CPT 5				
TOTAL				
DLI				
CAB A				
CAB B				
CAB C				
TOTAL				
LIZFW				
LITOF				
LITOW				

FINAL PAX	C.G. at ZFW	C.G. at TOW	STAB SET	REMARKS
AD&CH	%	%	UNIT	
INF				

PREPARED BY	APPROVED BY

LOAD IN FWD CPT 1	INDEX CORR
0-90	0
91-271	-1
272-451	-2
452-632	-3
633-813	-4
814-994	-5
995-1175	-6
1176-1355	-7
1356-1536	-8
1537-1717	-9
1718-1898	-10
1899-2078	-11
2079-2259	-12
2260-2440	-13
2441-2621	-14
2622-2801	-15
2802-2982	-16
2983-3163	-17
3164-3344	-18
3345-3525	-19
3526-3705	-20
3706-3886	-21
3887-4049	-22

MAX TTL LOAD 1+2=9807

LOAD IN FWD CPT 2	INDEX CORR
0-138	0
139-414	-1
415-691	-2
692-968	-3
969-1244	-4
1245-1521	-5
1522-1798	-6
1799-2074	-7
2075-2351	-8
2352-2627	-9
2628-2904	-10
2905-3181	-11
3182-3457	-12
3458-3734	-13
3735-4011	-14
4012-4287	-15
4288-4564	-16
4565-4841	-17
4842-5117	-18
5118-5394	-19
5395-5670	-20
5671-5947	-21
5948-6224	-22
6225-6500	-23
6501-6777	-24
6778-7054	-25
7055-7330	-26
7331-7607	-27
7608-7883	-28
7884-8098	-29

LOAD IN AFT CPT 3	INDEX CORR
0-274	0
275-824	+1
825-1374	+2
1375-1924	+3
1925-2473	+4
2474-3023	+5
3024-3573	+6
3574-3635	+7

MAX TTL LOAD 3+4=8172

LOAD IN AFT CPT 4	INDEX CORR
0-149	0
150-447	+1
448-745	+2
746-1043	+3
1044-1341	+4
1342-1639	+5
1640-1937	+6
1938-2236	+7
2237-2534	+8
2535-2832	+9
2833-3130	+10
3131-3428	+11
3429-3726	+12
3727-4025	+13
4026-4323	+14
4324-4621	+15
4622-4919	+16
4920-5217	+17
5218-5453	+18

LOAD IN AFT CPT 5	INDEX CORR
0-98	0
99-296	+1
297-493	+2
494-690	+3
691-888	+4
889-1085	+5
1086-1283	+6
1284-1480	+7
1481-1677	+8
1678-1875	+9
1876-2072	+10
2073-2270	+11
2271-2467	+12
2468-2664	+13
2665-2862	+14
2863-2926	+15

* THE LAST NUMBER OF EACH CPT/CAB IS THE MAX ALLOWANCE

PAX IN CABIN A	INDEX CORR
0-1	0
2-3	-1
4-6	-2
7-8	-3
9-10	-4
11-13	-5
14-15	-6
16-18	-7

PAX IN CABIN B	INDEX CORR
0-2	0
3-6	-1
7-10	-2
11-14	-3
15-18	-4
19-23	-5
24-27	-6
28-31	-7
32-35	-8
36-39	-9
40-44	-10
45-48	-11
49-52	-12
53-57	-13
58-61	-14
62-66	-15

PAX IN CABIN C	INDEX CORR
0-3	0
4-9	+1
10-16	+2
17-23	+3
24-29	+4
30-36	+5
37-43	+6
44-50	+7
51-57	+8
58-63	+9
64-70	+10
71-77	+11
78-84	+12
85-91	+13
92-97	+14
98-104	+15
105-111	+16
112-118	+17
119-125	+18
126-130	+19

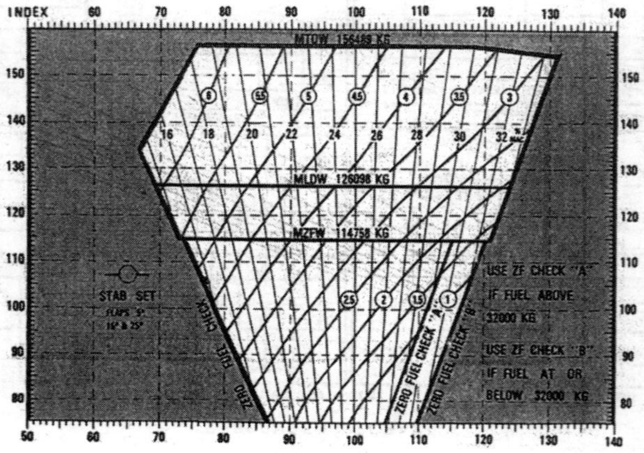

附图9 B767-200平衡图正面

TOTAL FUEL INDEX TABLE

WT-KG	INDEX	WT-KG	INDEX	WT-KG	INDEX	WT-KG	INDEX	WT-KG	INDEX
500	0	13000	-4	25500	-1	37000	+16	49500	+6
1000	-1	13500	-4	26000	-1	37500	+15	50000	+6
1500	-1	14000	-4	26500	0	38000	+15	50500	+5
2000	-1	14500	-4	27000	0	38500	+14	51000	+5
2500	-1	15000	-4	27500	+1	39000	+14	51500	+5
3000	-1	15500	-4	28000	+1	39500	+14	52000	+4
3500	-2	16000	-4	28500	+2	40000	+13	52500	+4
4000	-2	16500	-4	29000	+2	40500	+13	53000	+3
4500	-2	17000	-4	29500	+3	41000	+13	53500	+3
5000	-2	17500	-4	30000	+3	41500	+12	54000	+3
5500	-2	18000	-4	30500	+4	42000	+12	54500	+2
6000	-3	18500	-4	31000	+4	42500	+12	55000	+2
6500	-3	19000	-4	31500	+5	43000	+11	55500	+1
7000	-3	19500	-4	32000	+6	43500	+11	56000	+1
7500	-3	20000	-4	32500	+7	44000	+11	56500	0
8000	-3	20500	-3	33000	+8	44500	+10	57000	0
8500	-3	21000	-3	33500	+9	45000	+10	57500	-1
9000	-3	21500	-3	34000	+10	45500	+9	58000	-1
9500	-4	22000	-3	34500	+11	46000	+9	58500	-2
10000	-4	22500	-3	35000	+12	46500	+8	59000	-2
10500	-4	23000	-3	35500	+13	47000	+8	59500	-2
11000	-4	23500	-2	36000	+14	47500	+7	60000	-3
11500	-4	24000	-2	36500	+15	48000	+7	60500	-3
12000	-4	24500	-2	*36784	+16	48500	+7	61000	-3
12500	-4	25000	-1	FULL MAIN TANKS		49000	+6	61500	-4
								61929	-4

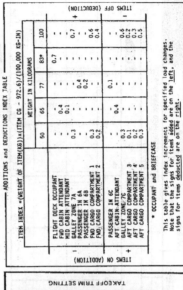

ADDITIONS and DEDUCTIONS INDEX TABLE

ITEM INDEX = (WEIGHT OF ITEM(KG))×(ITEM CG - 972.6)/(100,000 KG-IN)

ITEMS OFF (DEDUCTION) +

	WEIGHT IN KILOGRAMS				
	50	65	77	83*	100
FLIGHT DECK OCCUPANT	-	-	-	-	-
FWD CABIN ATTENDANT	-	0.4	-	0.7	-
MID CABIN ATTENDANT	-	0.1	-	-	-
GALLEY ZONE 7A	0.3	-	0.4	-	0.7
PASSENGER IN 6A	-	-	0.2	-	-
PASSENGER IN 6B	-	-	-	-	0.6
FWD CARGO COMPARTMENT 1	0.3	-	-	-	0.4
FWD CARGO COMPARTMENT 2	0.2	-	-	-	-
PASSENGER IN 6C	-	0.4	-	0.1	-
AFT CABIN-ATTENDANT	-	-	-	-	0.6
GALLEY ZONE/7C	0.3	0.1	-	-	0.2
AFT CARGO COMPARTMENT 3	0.2	-	-	-	0.2
AFT CARGO COMPARTMENT 4	0.3	-	-	-	0.5
AFT CARGO COMPARTMENT 5					

ITEMS ON (ADDITION) +

* OCCUPANT and BRIEFCASE

This table gives index increments for specified load changes. Note that the signs for items added are on the left, and the signs for items deducted are on the right.

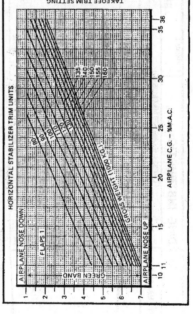

附图10 B767-200平衡图背面

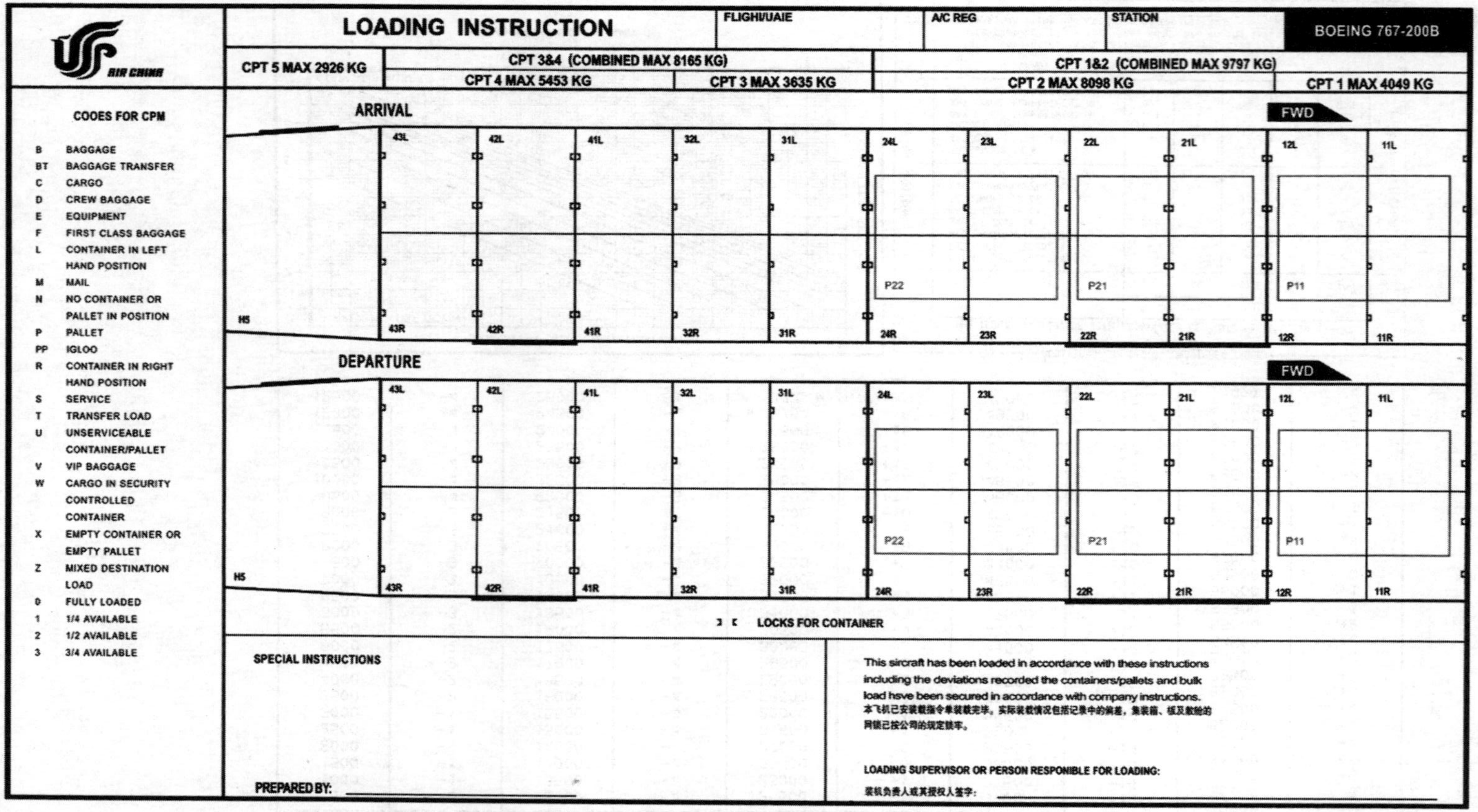

AIR CHINA

LOADING INSTRUCTION

BOEING 767-200B

| FLIGHT/UAE | STATION | A/C REG |

CPT 5 MAX 2926 KG

CPT 3&4 (COMBINED MAX 8165 KG)

CPT 4 MAX 5453 KG

CPT 3 MAX 3635 KG

CPT 1&2 (COMBINED MAX 9797 KG)

CPT 2 MAX 8098 KG

CPT 1 MAX 4049 KG

ARRIVAL

FWD

11L / 11R, 12L / 12R — P11

21L / 21R, 22L / 22R — P21

23L / 23R, 24L / 24R — P22

31L / 31R, 32L / 32R

41L / 41R, 42L / 42R

43L / 43R

H5

DEPARTURE

FWD

11L / 11R, 12L / 12R — P11

21L / 21R, 22L / 22R — P21

23L / 23R, 24L / 24R — P22

31L / 31R, 32L / 32R

41L / 41R, 42L / 42R

43L / 43R

H5

⊐ ⊏ LOCKS FOR CONTAINER

CODES FOR CPM

- B BAGGAGE
- BT BAGGAGE TRANSFER
- C CARGO
- D CREW BAGGAGE
- E EQUIPMENT
- F FIRST CLASS BAGGAGE
- L CONTAINER IN LEFT HAND POSITION
- M MAIL
- N NO CONTAINER OR PALLET IN POSITION
- P PALLET
- PP IGLOO
- R CONTAINER IN RIGHT HAND POSITION
- S SERVICE
- T TRANSFER LOAD
- U UNSERVICEABLE CONTAINER/PALLET
- V VIP BAGGAGE
- W CARGO IN SECURITY CONTROLLED CONTAINER
- X EMPTY CONTAINER OR EMPTY PALLET
- Z MIXED DESTINATION LOAD
- 0 FULLY LOADED
- 1 1/4 AVAILABLE
- 2 1/2 AVAILABLE
- 3 3/4 AVAILABLE

SPECIAL INSTRUCTIONS

This aircraft has been loaded in accordance with these instructions including the deviations recorded the containers/pallets and bulk load have been secured in accordance with company instructions.

本飞机已正确装载每个装载位置，环保采取坚定在包括本的海运、集装箱、低及散物的符批已安全得构的装载要求。

LOADING SUPERVISOR OR PERSON RESPONSIBLE FOR LOADING:

装机负责人或本机机人签字:

PREPARED BY:

附图11 B767-200装机单

A300-600R
LOAD SHEET AND LOAD MESSAGE

中國東方航空
CHINA EASTERN

DATE:

ADDRESS	ORIGINATOR	LDM	FLT/DATE	A/C REG	CONF	CREW

	INDEX	MAXIMUM WT FOR ⟶	ZERO FUEL	TAKE-OFF	LANDING
BASIC WEIGHT 8 9 0 1 1			1 3 0 0 0 0		
CORRECTIONS + +	+ - +	TAKEOFF FUEL ⟶	⊕	TRIP FUEL ⟶	⊕
DRY OPERATING WEIGHT		ALLOWED WEIGHT FOR TAKEOFF (LOWEST OF a, b, OR c)	a	b	c
TAKE OFF FUEL ⊕		OPERATING WEIGHT	⊖	⊖	⊖
OPERATING WT ⊖		ALLOWED PAYLOAD	⊖	⊖	⊖

	NO. OF PSGF		LOAD DISTRIBUTION							PIECE					
DEST	ADLT CHD INF	TOTAL WEIGHT	1	2	3	4	5	0	F	Y	B	C	M	REMARKS
	TR ULD B C M													
	TR ULD B C M													
	TR ULD B C M													
	TR ULD B C M													

TOTAL								
PSGR WT	⊕	⊕		LAST-MINUTE CHANGES				ALLOWED PAYLOAD
TOTAL PAYLOAD	⊖	⊖						
DRY OPERATING WT	⊕	⊕	DEST	NO. OF PSGR	CLASS	B. C. M.	HOLD	TOTAL PAYLOAD ⊖
ZERO FUEL WT	⊖	⊖		+		+		
TAKEOFF FUEL	⊕	⊕		+		+		UNDERLOAD ⊖
TAKEOFF WT	⊖	⊖		+		+		
TRIP FUEL	⊖	⊖	PREPARED BY:			CAPTAIN		
LANDING WT	⊖	⊖						

附图 12　A300 载重表

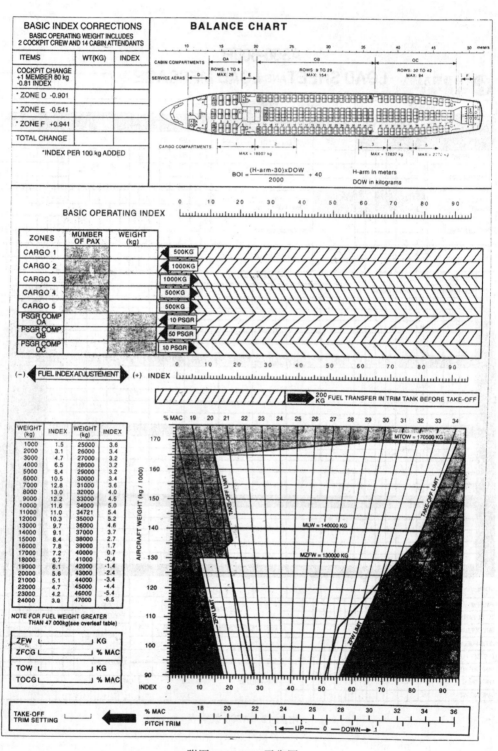

附图 13　A300 平衡图

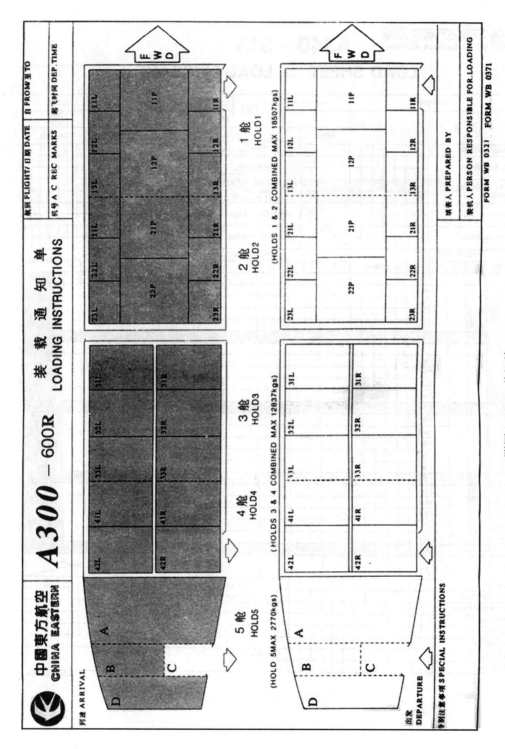

附图14 A300装机单

中國東方航空公司
China Eastern Airlines

A340 - 313

LOAD SHEET AND LOAD MESSAGE

DATE :

ADDRESS	ORIGINATOR	LDM	FLT/DATE	A/C REG	CONF	CREW
			MU /	B-		CAPT PLUS

	INDEX	MAXIMUM WT FOR →	ZERO FUEL	TAKE-OFF	LANDING
BASIC OPTG WT					
CORRECTIONS	+ + +	TAKE-OFF FUEL		TRIP FUEL	
DRY OPERATING WEIGHT		ALLOWED WEIGHT FOR TAKE-OFF (LOWEST of a, b, or c)	a	b	c
TAKE-OFF FUEL		OPERATING WEIGHT			
OPERATING WT		ALLOWED PAYLOAD			

	NO. OF PSGR				LOAD DISTRIBUTION						PIECE					REMARKS
DEST	ADLT	CHD	INF	TOTAL WEIGHT	1	2	3	4	5	0	F	Y	B	C	M	
				Tr												
				ULD												
				B												
				C												
				M												
				T	1	2	3	4	5	0	F	Y	B	C	M	
				Tr												
				ULD												
				B												
				C												
				M												
				T	1	2	3	4	5	0	F	Y	B	C	M	
				Tr												
				ULD												
				B												
				C												
				M												
				T	1	2	3	4	5	0	F	Y	B	C	M	
				Tr												
				ULD												
				B												
				C												
				M												
				T	1	2	3	4	5	0	F	Y	B	C	M	

| TOTAL | | | | | | | | | | | | | | | | |

			LAST MINUTES CHANGES					ALLOWED PAYLOAD
PSGR WT			DEST	NO. OF PSGR	CLASS	B.C.M.	HOLD	
TOTAL PAYLOAD				+		+		TOTAL PAYLOAD
DRY OPERATING WT				+		+		
ZERO FUEL WT				+		+		UNDERLOAD
TAKE-OFF FUEL								
TAKE-OFF WT			PREPARED BY					CAPTAIN
TRIP FUEL								
LANDING WT								

BCIVC853 30-01-00

附图 15　A340-313 载重表

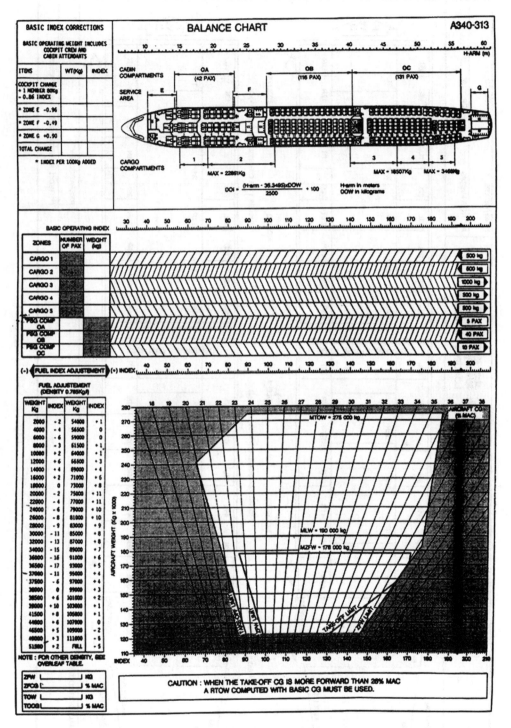

附图 16　A340-313 平衡图

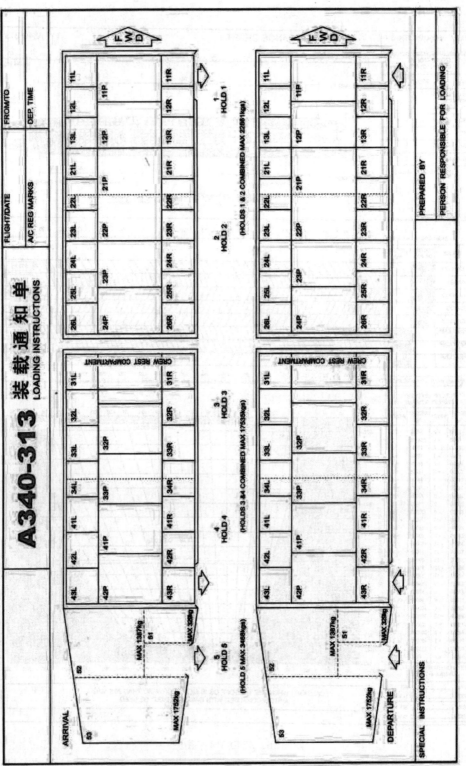

附图17　A340-313装机单

参考文献

［1］中国民航离港系统配载平衡操作手册．中国民航信息网络股份有限公司．2002．

［2］掌握载重平衡．空中客车公司．

［3］民航资源网（www.carnoc.com）．